順其自然，不要把事情複雜化。

奧卡姆剃刀定律

楊知行　編著

為什麼要跟麥當勞學「奧卡姆剃刀定律」管理？

記得以前有個流傳甚廣的推銷故事：話說有個早餐店老闆，每次客人要一碗熱騰騰的豆漿時，他都會問：「先生，您要加一個蛋，還是兩個蛋？」這話一問，使得本來沒打算加蛋的客人，也只能順著他的誘導回答：「一個就好！」也因此使得這家店生意十分火紅……

麥當勞在創業初期，雖然掀起了速食業的革命，每天人潮洶湧，但客人卻因為等待的時間太長了，而抱怨連連！於是，老闆只好做了一個變通方法：提早一個鐘頭營業，晚一個鐘頭打烊。但因為單點單價低，儘管工作人員累得人仰馬翻，但對整體業績並沒有多大助益！

後來有個叫鄧肯的企業顧問，就向老闆提出了「奧卡姆剃刀」的管理定律：即主張不要把事情複雜化，要抓住問題的根本，才能有效地解決問題。換言之：必須「化繁為簡」——這個原則適用在企業團隊以及個人生活的管理。

於是，麥當勞就開始規定員工幫客人點餐時，必須加一句：「先生，您要不要也來一份薯條？」就這麼簡單的一個改變，讓麥當勞的業績翻了一倍——這就是「奧卡姆剃刀定律」的威力！

前言

十四世紀時，有位名叫威廉・奧卡姆的修士，對於當年爭執不停的「共相」、「本質」的立論，感到十分地厭煩，於是著書大力宣傳「唯名論」，即只須承認確實存在的事物，至於那些空洞虛無的泛名詞，都應該「剔除」，將之淘汰出局。

他所主張的「思維經濟原則」就是「如無必要，勿增實體」；即推崇「簡單有效的原理」，他說不要假借名目，搞那些有的沒的，老幹沒出息的事兒。在他這把銳利的剃刀狠狠地揮出之後；把幾百年來爭論不休的經濟哲學和基督教神學都剖開來了；即將科學與哲學從神學的家天下中走了出來。同時帶動了歐洲宗教改革與文藝復興運動——這把剃刀後來就成了管理學中鼎鼎大名的「奧卡姆剃刀定律」了。

這個定律告訴我們在處理事情時，要把握事情的實際情況，不要吹毛求疵，畫蛇添足只會添亂，把事情複雜化，誇張從來都不會產生幸福，唯有「實事求是」才能將各種事情圓滿順利地完成！

有位國王擁有一大片葡萄園，雇了許多工人來照管，其中有一位工人能力特別強，技藝超群。於是國王讓他當工頭來管理這片園子。

有一天，這位國王來到葡萄園散步，就讓他陪同。這天工作完後，工人們排起長隊領取工資，幾乎所有人的工資都相同，但是當這位看管園子的人領取工資的時候，卻遭到了大家的抗議和議論。他們認為這位工人實際上只幹了兩個小時的活，其他的時間都在陪國王到處閒逛，所以不能領取與別人等同的工資。

國王說話了：「我派他來是因為他熟悉你們的工作，今天他雖然只幹了兩個小時的活，但他的兩個小時就幹完了你們一天才能完成的工作量，所以他的工資也是和你們一樣。」

為什麼窮人終身勞碌卻一無所獲，而富人不甚忙碌卻頗為富有，甚至還常有機會不勞而獲、好運連連呢！其實後者看似清閒，卻把全部的精力放在了他真正應該投入的地方，他明白應該在什麼地方設定目標、努力不懈，在什麼地方懂得運用人際關係。這就是——利用智慧的力量！

一隻蜜蜂和一隻蒼蠅同時掉進了一個瓶子裏。在這個瓶子的瓶口處有一個小口。蜜蜂整日在瓶子的底部轉來轉去，牠每日充滿希望的一刻不停地咬啊、叮啊，希望自己可以叮破這個瓶子，就可以出去了。結果，三天之後，牠死在瓶子裏面。蒼蠅呢，牠在瓶子裏轉了幾圈後，發現四周都很堅固，於是就飛到瓶口處，意外地發現那裡有一個口子，就飛了出去。

準確地找到奮鬥的方向，不要把主要的精力放在尋找解決問題的突破口上，像蜜蜂一樣不停地埋頭苦幹，雖然極為勤奮，但是徒勞無功，枉費心機。這就是——努力沒有用，努力要會找準對的方向！

在心理學家的眼中「成功」到底是什麼？並沒有一定的「定律」，因為「成功」就要看追求成功的人，到底想要的是什麼？或是想要到達什麼程度？以「幸福定律」來說，那就簡單明瞭了——如果不是一天到晚都在想「我是否幸福？」這個問題時——你就是一個幸福的人了。

成功也是一樣，路是由自己的腳步走出來的——別想太多。

在本書中，我們提供了豐富多元的各種產生幸福的祕笈；可以說，在生活中你所遇到的問題，就隱藏在這些實用、有趣的心理定律、法則之中了。

「奧卡姆剃刀定律」告訴我們：在處理事情時，一定要把握事情的宗旨、目標，解決根本問題，順其自然，不要把事情複雜化，這樣即可順利地把事情處理好。在企業管理中有「商道最實用的秘密」；在職場時「有些規則你必須明白」；在情緒中「讓自己時刻保持最佳狀態」；另外，還有各種生活的智慧，讓你認識，你為什麼會不快樂？以及你對成功的想法是什麼？

總而言之，這是一部從您工作上與生活中，雙管齊下的趣味心理勵志書；它是突破人生疑惑的行動指南，就像在黑夜中能指引我們方向的北極星！

第一章　企業管理：商道中最實用的秘密／013

第二章 職場啟示：有些規則你必須明白／107

第三章 管控情緒：讓自己時刻保持最佳狀態／151

第四章　生活智慧：用心品味生命中的每一天／193

第五章 幸福法則：以愛的名義揭開這層面紗／253

第一章

企業管理：商道中最實用的秘密

管理是一門學科，也是一門藝術。如何將管理的科學性與藝術性融為一體，並且運用自如，是許多管理者急需解決的難題。世界各國的管理大師，通過長期實踐與不斷思考，為我們總結出管理的神奇定律。這些定律實際操作時非常簡單，可以幫助管理者解決棘手的難題。

普希爾定律：正確決策，速度是關鍵

「普希爾定律」最初由A.J.S公司的副總裁普希爾提出，他認為，各行業中的優秀領航者，都具有可以迅速做出正確決策的能力，擔心或考慮得太多，只會導致迅速決策受阻，所有的正確決策，都是要現在做出來的。這個論斷後來經過人們總結，被稱為「普希爾定律」。

「普希爾定律」強調，正確的決策制定，要以速度為關鍵因素，無論一項決策制定得有多好，也經不起時間的拖延。

一隻山羊吃光了它附近的草後，決心去尋找更多、更好的青草，它遠遠望見西山有一片綠油油的草，剛想邁向西山，又看見其他幾個方向的草好像也很鮮嫩。到底去哪面好呢？山羊思索起來：「西山的草不錯，可是聽說那裡有很多的狼。東山的草也很好，但那裡好像常有老虎出沒。南山的敵人不多，可那邊的河水不夠清澈。」山羊左想右想，猶豫不決，到最後也做不出到底要去哪裡吃草的決定，而在思慮中活活地餓死了。

企業管理中，管理者瞻前顧後、優柔寡斷而遲遲不做出決策的做法，就好像上面故事中的山羊一樣，浪費了太多的時間和精力去憂慮未來形勢，而不能快速地決策，最終也只能導致企業虧損，甚至被「餓死」。只有管理者正確決策，快速而不失時機，才能促進企業實力的增加。

同行業之間的競爭就如同跑步一樣，第一目標的達成，要求企業不僅要跑得穩，更要跑得快。很多管理者只知道「一著不慎，滿盤皆輸」的道理，凡事以企業的「穩」為關鍵，決策前要思前想後，百分之百地確定萬無一失，才敢下令執行。這種做法雖然使企業的經營風險確實降低了不少，但發展速度也跟著減慢了，最終會被競爭對手遠遠地甩在後面。先機決定商機，只有管理者加快制定正確決策的速度，才能促進企業經濟的騰飛。

總而言之，管理者以速度求勝，在管理中運用「普希爾定律」，可以為企業整體發展帶來的好處有以下三個方面：

一、適應市場變化規律　全球資訊時代來臨，市場經濟變化形勢瞬息萬變，管理者制定決策猶豫不決，會導致企業無法適應市場變化，而失去市場最佳時機，最終被市場淘汰。「優勝劣汰，適者生存」。只有管理者及時、快速地制定決策，才能使企業發展適應市場變化，在同行業的激烈競爭中，長久地處於不敗之地。

二、抓住轉瞬即逝的機會　機會的遇見需要敏銳判斷，而機會的抓住則需要管理者果斷地決策。機會稍縱即逝，往往一時疏忽就會輕易溜走，迅速地制定決策，搶佔先機，可以使企業抓住更多的機會，掌握商機，獲得更多的利益。

三、擺脫競爭對手　速度是取勝的關鍵，在管理者猶豫拖延的時間裡，對手很有可能已經以成倍的速度擴張。只有管理者搶在對手前面，迅速地制定決策，才能減少同一行業的競爭障礙，促進企業效益的最大增長，迅速擺脫競爭的對手，努力超越向前行。

華爾街最成功商人之一的約翰・P・摩根，是19世紀末到20世紀初叱吒美國金融界的風雲人物。他大肆收購鐵路，通過摩根體制的貫徹、施行，獲取了占整個美國企業資本1/4的資產，控制美國大批的工礦企業。他還通過金融資本控制美國許多主要的產業部門，以雄厚的經濟實力，向阿根廷、墨西哥，甚至向老牌的資本主義國家英、法等國家放債，有「華爾街的神經中樞」之稱。

關於摩根如何能發家，還要從他年輕時開始說起。

摩根出生於一個富有的商人家庭，也許是受到家庭環境的薰陶，在摩根還很年輕時，就表現出了非常卓越的經商才華。剛剛大學畢業後的摩根在鄧肯商行工作，有一次，公司派他去往古巴的哈瓦那為商行，處理採購魚蝦的事務，在返回途中，路過新奧爾良碼頭時，摩根碰見了一位船長。大概是根據摩根不俗的穿著判斷，船長認定摩根是一位有錢的商人，於是叫住他介紹說，自己是往來於巴西與美國之間的一艘巴西貨船的船長，這次他從巴西向美國的一家公司運一船咖啡，沒想到到了這裡，發現那家美國公司已經破產了。一船的咖啡滯留在這裡，這位船主不得不自己推銷，他向摩根表示，如果摩根願意購買這批咖啡的話，他願意以低於原價一半的價錢出售，但前提是摩根必須拿現金和他交易。

摩根和船長一道去檢驗了咖啡的樣品後，覺得咖啡的品質和成色都很好，他向鄧肯商行發去電報，希望可以以鄧肯商行的名義購買下這批咖啡。然而鄧肯商行回電表示，不支援此次交易，禁止摩根個人以公司的名義進行交易。咖啡的價錢雖然低廉得令人心動，但摩根無法確定船長是不是個騙子，也無法保障船艙內的咖啡是否和樣品一樣高品質。摩根考慮了一會兒，意識到如果再猶豫拖延的話，船長很有可能會將咖啡賣給別人，而使自己錯失一次賺錢的大好機會。他向倫敦的父親吉諾斯求助，父親相信兒子的判斷，出資幫助摩根買下了這船咖啡。摩根的決策沒有做錯，他不僅以一半的優惠價錢得到了一船的優質咖啡，在他買下咖啡後，由於天氣因素，巴西咖啡大量減產，咖啡價格急增了好幾倍，摩根大賺了一筆。

在實際管理過程中，管理者以速求勝，運用「普希爾定律」時，需要注意：

一、**相信自己的眼光**　卓越的管理大師，世界旅遊大王希爾頓，在總結管理經驗時，認為自己的成功主要靠的是眼光、信仰和努力。無論各行各業，想要成為卓越的管理者，都需要有善於發現商機的眼光。然而具有眼光的管理者很多，敢於相信自己的商業直覺，迅速做出決策的管理者卻寥寥可數。管理者在管理中，要正確運用普希爾定律，就一定要相信自己的判斷眼光，避免對商機看到了、想到了，卻沒有轉化為正確決策的制定，而錯失機會的情況發生。

二、**審時度勢**　強調管理者制定決策時的速度，並不等於是急功近利的「冒進」主義，要做到有速度但不「冒失」。管理者在決策制定前既不能太過瞻前顧後、左右思慮延誤時機，也不要過分追求高速度而導致正確決策受影響。管理者在運用普希爾定律時，要清晰、明確地分析市場環境，並全面權衡其對企業產生的利弊影響，以謹慎的態度，在審時度勢的同時保證速度。

三、**排除迅速決策的阻礙**　避免猶豫不決、拖延時間的關鍵，在於找出阻礙管理者迅速決策的根本問題在哪兒，也就是要先確定管理者猶豫不決，到底是在「猶豫」什麼。只有把影響迅速決策的關鍵找出來，才能對症下藥，避免拖延。管理者要清晰思路，將自己反覆思慮的問題條理化，先找出最為關鍵的阻礙因素，再看能否有效解決此問題，障礙的解除也就是管理者迅速做出正確決策的開始。

奧卡姆剃刀定律：順其自然，不把事情複雜化

傑克・威爾許是20世紀到21世紀，全世界最成功的、也是全球第一的CEO。

他在上任的第一次年會上，就公開宣告：「要做第一。只要不是第一、第二的部門就關門！」綜觀威爾許領導通用電器20年所走過的成功之路，人們不難發現，他其實是用最簡潔和最樸實的思想詮釋了那些看似繁雜的經營理念。也正是因為它的簡樸，所以才最實事求是、最一針見血地切中要害。總歸一句話：最管用！

其實，傑克・威爾許的領導，就是將「奧卡姆剃刀定律」發揮到淋漓盡致……

「奧卡姆剃刀定律」是由14世紀邏輯學家、聖方濟會修士威廉・奧卡姆提出的，這個原理強調不要浪費較多的東西，去做用較少東西同樣可以做到的事情。

隨著時代的發展，交通越來越發達；資訊傳遞越來越迅速；工作、生活越來越便利，我們的生活比過去任何一個時代都舒適、富有，但是我們的幸福感和滿足感

卻大不如前。我們是財富的創造者，卻也變成了財富的奴隸。不可否認，人類進入了一個不堪重負的時代：世界人口突破60億，全球環境問題越來越嚴重，人與自然的矛盾也日益激化；我們的生活變得越來越沉重，休息的時間越來越少，人人為生活奔波，人人為工作壓力所苦。更為嚴重的是，我們的組織越來越膨脹，制度也越來越煩瑣，但效率卻越來越低了。面對這個超載的地球，膨脹的組織，我們需要用奧卡姆剃刀剃去一些不必要的麻煩。

「奧卡姆剃刀定律」告訴我們：在處理事情時，一定要把握事情的宗旨、目標，解決根本問題，順其自然，不把事情複雜化，這樣就可以把事情處理好。現實生活中，複雜的事情通常都可以通過簡單的途徑得到解決。一個優秀公司，他們應用了奧卡姆剃刀定律，及時對公司進行改革：對公司進行簡化，公司裡不設置任何永久的部門，也不設立任何老化的組織機構，雖然公司的部門很龐大，但是管理層人員相對較少，員工不是在辦公室裡寫報告，而是在工作中解決問題。只要擁有簡單的組織機構，很少的員工就可以把工作做好，這使得這個公司擁有強大的競爭力，在競爭中處於不敗的地位。

所有複雜的機構都會存在不同程度的資源浪費和效率低下的問題，它讓管理者看不清自己面臨的處境，無法把精力放在應該解決的問題上；管理者將大量的時間、昂貴的費用花費在毫無意義的事情上。

因此，在實際管理中，運用「奧卡姆剃刀定律」能適當給你的組織減肥，可以使你的組織更有活力，更具效率。奧卡姆剃刀剃掉的是思維雜質，產生的是創新成果，留下的是簡單精美；它追求高效、簡潔的方法，廣為經濟界的精英使用。

老湯瑪斯・沃森在一九一四年創辦IBM公司時，本著為公司創造效益，同時證明自己的價值的想法，寫出了三條準則：必須尊重個人；必須盡可能給顧客提供最好的服務；必須追求卓越的工作表現——這三條簡單原則一直是IBM公司的做事指南。所有的人在看過這三條原則後都很震驚，一個擁有40萬員工，銷售額超過五百億美元，在全球各國都擁有分公司的IBM公司，行為準則只有三條，怎麼會這麼簡單，很難想像他們是怎麼做到的。

這三條簡單原則，被員工牢記在心，他們在工作中表現積極，發揮自己的價值。每個員工都有自己負責的一個領域，每個人都可以做更多的工作：哪個領域出現了問題，都可以及時找到相關區域的負責人，並在最快的時間內解決問題；每個員工在自己管理的區域內都有一定的權力，處理問題時只要自己能夠解決就自行處理，不必向上級領導請教、批准，然後再實施領導政策，解決問題。這一政策讓IBM員工明白自己屬於IBM公司，不屬於區域總經理，在這個區域內總經理不再是唯一的領導，員工在公司中找到家的感覺，一切為公司的利益著想，關注顧客，更高效地完成工作。

一個如此龐大的企業，貫徹這三個原則是一個很複雜的事情，但是IBM將它簡化成兩個字：去做。IBM在會議、內部文件、備忘錄，甚至在私人談話中都將這一簡單原則運用自如。值得一提的是，IBM公司的主管人員還會在工作中身體力行，努力讓這些原則成為事實，這樣更加帶動了全體員工的積極性，員工在工作中不斷自主創新，為公司創造效益。

一個簡單的問題，企業不能人為地把它複雜化；一個複雜的問題，企業應該想方設法把它簡單化。企業要想在競爭中求生存、求發展，就應該學會用簡單的思維去解決複雜的問題。在企業管理中運用「奧卡姆剃刀定律」，應該注意：

一、簡化組織結構

組織結構扁平化與組織結構非等級化成為企業組織變革的大趨勢，在新型的組織結構中，組織中上下等級觀念被淡化，員工之間的關係是分工與合作的關係。在實際工作中員工被授予更多的權力，他們的意見會被上級重視，並成為今後公司做出重大決策的依據，他們甚至有可能參與部門目標的擬定。公司內的資訊不再是上下級之間的單向傳遞，而是員工與領導之間的雙向溝通，員工與領導之間的溝通不再需要那麼費力，員工也更加好管理。在實際管理中，顧客的需要成為員工行動的指南，所有員工與領導者的目標都是一致的，都是為公司謀取利潤。公司的利潤提高了，個人的利益也得到了極大的滿足，這一舉措在很大程度上調動了員工的積極性，員工更加盡心盡責地工作，努力完成公司交給的任務。

二、注重核心價值

關注核心價值，是為了建立競爭優勢，要建立這種競爭優勢，必須將資源集中在最重要、擁有核心價值的業務領域，並在自己最具競爭力的領域確定目標，以最少的成本獲得最多的利潤。但這並不是說企業把資源集中在有利可圖的業務上，而是對那些沒有競爭優勢的業務進行整頓、出售，甚至關閉，從最大程度上保證核心價值的實現。如果目標數量多，不統一，公司很難同時兼顧太多的業務，不能為公司創造效益。隨著市場經濟的不斷發展，更多的企業在競爭中成熟起來，而只有重量級的企業才能勝出，要想使企業成為重量級，就要集中資源，進行多元化收縮。並且這一策略實施得越早、越徹底，就越有利於公司整體競爭力的提高。

三、避免不必要的流程

隨著社會、經濟的發展，時間和精力成為人們最寶貴的東西。許多管理者整天忙忙碌碌卻鮮有成效，究其原因是缺乏簡單管理的思維和能力，分不清事情的輕重緩急。從這個意義上講，管理之道就是簡化之道：將工作刪繁從簡，化難為易。簡單就是力量，簡單就是效率，簡單就是效益。由於受思維方式的影響，簡單的資訊往往比複雜的資訊更有利於被人們所接受，在實際操作中更能運用自如，得心應手。複雜使人迷失，使人看不清事情的本質，從根本上解決不了問題；只有保持事情的簡單化，才能讓公司上下擰成一股繩，齊心協力為公司帶來更大的利潤。

麥克萊蘭定律：權力分享，創造價值

20世紀60年代，主張以科學方法甄選、訓練優秀員工的泰勒理論和認為人類自身由於遺傳等因素會導致智力差別的智商學說越來越受到質疑，管理者們迫切希望知道影響員工業績好壞，導致員工工作績效存在優異差別的主要因素是什麼。

哈佛大學教授大衛・麥克萊蘭和他的研究小組，經過長時間的調查和深入研究，發表了一篇題為「測量資質而非智力」的文章，文中指出，員工的工作績效的好壞及個人職業生涯是否能有所成就，不是受人們普遍認為的知識技能的評測及學術能力高低的影響，而是由於成就的需要所導致，所謂「成就的需要」就是歸屬的需要及權力的需要等，這就是「麥克萊蘭定律」。它對管理者的啟示是，必要的時候，可以為自己的員工貼上一個權力的標籤，這能極大地提高員工的工作熱情，培養他們的主人翁意識，產生其他激勵方式所不及的效果。

企業中不乏這樣的一類管理者，他們擁有高能力、高業績水準，是企業的「領頭軍」，他們大權在握，事必躬親，哪裡有問題需要處理，哪裡就會出現他們的身影，從早到晚忙得團團轉，弄得自己疲憊不堪。而他們手下的員工，終日清閒得無事可做，工作積極性差，只等著上司派發工作，工作效率也很低。

與此形成鮮明對比的是一些看起來很不「稱職」的管理者，他們把權力下放給其他員工，對企業未必事事過問，遇到麻煩也很少親自處理。但他們手下的員工，工作熱情極高，業績突出，遇到問題能及時地果斷處理，工作效率也很高。無論多明智的管理者，能力終究是有限的，無權不攬、耗盡心力的做法只會導致管理者越來越不堪重負，力不從心而影響到企業發展。

如果將企業比作一輛車的話，管理者的位置應該是指揮方向的車長，員工應該是推動著車輪滾滾向前的動力。如果管理者無論什麼事都要親自去做，親自去處理，就好比是下面推車的人都上車，而車長自己走到前面去親自拉車，那麼即使車長有再大的力量，也終會因為不堪重負而使車輪停止轉動。車長如果把推動車子前進的權力進行分攤，一部分人在前面拉，一部分人在後面推，大家齊心協力，這樣不僅車長的擔子變得輕省，車子前進的速度也會加快。

為什麼會出現管理者幹勁十足，而員工工作反應冷淡的情況呢？歸根結底是缺少誘發員工產生工作熱情的動力。如果管理者願意把自己肩上的「重擔」分給員工一些，使員工擁有一些權力，參與到一部分工作的管理中去，感受到運用權力去管理企業的滋味，員工的責任心和動力將會大大提升，工作熱情也會成倍增加，員工工作的潛能被激發出來，工作效率大幅度提高，企業的效益也就必然會增長。

用了20年的時間，把戴爾公司從一間窄小的大學宿舍，做到現在年銷售額達到四百多億美元的電腦帝國，他被《財富》雜誌評為全球五百強企業中最年輕的CEO。戴爾公司的創建者邁克爾・戴爾一直被認為是商業奇才，但他更是一個善於權力分享的管理高手。

邁克爾・戴爾認為，高層管理人員能否分享權力，忽略個人權力的擴張而注重整個公司組織的全面發展，是一家公司取得成功的關鍵。

隨著戴爾公司的壯大，邁克爾・戴爾意識到越來越多的工作已經超出他的負荷，他個人集權的限制性，必然會導致公司的發展受到限制。於是邁克爾・戴爾將自己分內的工作做出細分，請來托普弗加入戴爾公司，並將自己的一部分事務授權給他。

此後，邁克爾・戴爾將精力放在產品、科技和公司的整體策略上，主要處理顧客、媒體及其他外部事務。托普弗則專注於公司的運作、銷售和市場行銷方面，處理公司預算及日常經營運作事務。兩人權力分工，最後再一起對公司各個層面的問題處理，進行交流溝通。一九九七年，邁克爾・戴爾又提拔了部門經理羅斯林，至此，戴爾公司由戴爾、羅斯林、托普弗三人一起聯合經營。這種方法使得戴爾公司的運作系統更加完善，收益也有了更大的提高。

最令全世界矚目的是戴爾公司在股東年會上進行的權力交接，在股東年會上，凱文・羅林斯被正式任命為戴爾公司的首席執行官，並被推選為公司的董事會成員，從此，戴爾公司開始執行「雙劍合璧」的獨特管理模式。在邁克爾・戴爾和羅林斯的辦公室之間，只隔了一面玻璃做成的牆，連接兩間辦公室的門一直是敞開的，兩個人甚至可以清楚地聽到對方的說話聲，這方便他們相互在工作中找出對方的不足，並可以在工作出現失誤時一起承擔責任。在權力分擔上，戴爾主管技術與顧客方面，羅林斯主管策略和經營方面。戴爾曾提出，在未徵求對方意見之前，雙方不得做出任何的重大決定。這種授權方式，為戴爾公司帶來了巨大的收益，光二〇〇四年的利潤額就達30億美元，特別是在全球個人電腦銷售市場萎靡的情況下，戴爾公司仍然實現了利潤和銷售額的大幅度增長。

對於整個公司的管理，邁克爾・戴爾推行「工作細分」的分權方法。管理者權力分享，分工明確，整個公司成就共榮，員工的熱情被充分地調動起來，能力也被大大激發。這種權力有效分享的管理方法，成效極高，使得戴爾公司實力更加雄厚。

在企業中，推行「麥克萊蘭定律」的管理方法，具體要做到以下幾個方面：

一、將部分權力分攤給員工

隨著企業組織規模的擴大，管理層面的升高，管理者權力增加的同時，需要處理的問題數目和決策量也會增多。高層管理者能力和時間都有限，容易出現信息量採集不及時、準確和判斷力失誤的情況。特別是一些重大事務的決策，由於事務的重要程度及事件的複雜性，管理者一旦獲取資訊不足，或認識錯誤，做出錯誤決策，勢必會影響到整個企業的發展。

因此，管理者要去除以往無權不攬，凡事必管的管理辦法，認識到做事多不代表業績就會好。管理者只需將手中的權力部分「禪讓」給員工，讓員工參與到工作的決策和管理方面，這樣管理者的負擔減輕，可以有更多的時間和充沛的精力去集中處理企業中的重要決策。員工擁有部分權力，能親自參與企業的管理工作，員工與企業之間的關係，就不僅僅是雇傭，而轉變為共同進退的合作關係，這樣，員工對企業的責任感提升，工作的積極性也會大大增加，有利於工作效率的加快和企業效益的增長。

二、分工明確，有效溝通

在權力分享之前，管理者要先確定授權的是什麼，只有確定下放的權力屬於哪方面，才可以有效地在各部門之間明確分工，使員工明白自己的權責，目標明確地投入到具體工作中去。管理者要對授權的員工建立充分的信任感，不可過分越權處理員工的具體工作，使權力的授予變成「空頭銜」。

管理者可以在權力授予員工後，通過溝通交流的方式瞭解工作進程，要注意有效的溝通方式不是居高臨下的過問，而是相互尊重、地位平等的探討，詢問次數也不要過於頻繁，使員工產生管理者對自己能力不信任的感覺而影響工作。

三、授權給合適的員工

管理者要授權給合適的員工，這個「合適」的概念包括員工的能力、業績水準和對企業的忠誠度幾個方面。只有把「合適」的員工放在「合適」的位置上，授予其「合適」的權力，才可以真正做到人盡其才，從而挖掘出員工最大的工作潛力。

管理者要對入選員工的能力、技術水準及工作動機進行綜合瞭解和全面分析後，再選出可以勝任的合格人選。

四、授權不是棄權

管理者要明確，授權並不代表著棄權，許多管理者，存在著這樣的誤區，認為權力一旦下放給員工，就意味著自己可以不管，不聞不問。

實際上，對於企業的全域管理，管理者應該一直處於掌控的位置，認識到將部分權力交給員工，只是減少對下放權力具體事務的直接管理，而不能放棄間接管理。只有在授權後仍然對權力的具體實施有所掌控，才能及時地糾正員工在管理上出現的錯誤，避免由於錯誤拖延，得不到及時改正而導致企業經營受損。

藍斯登定律：給員工創造快樂的工作環境

「藍斯登定律」是由美國管理學家藍斯登提出的，該定律強調跟一位朋友工作，遠比在嚴格的父親手下工作有趣得多，你給員工提供快樂的工作環境，員工將給你帶來高效率的工作回報，因此，必須努力讓你的員工快樂起來！

惠普公司的創始人比爾・休利特說過：「所有員工都想把工作做好，如果提供給他們合適的工作環境，他們都會做好。」一棵小樹要成長為一棵參天大樹，良好的環境是起決定性作用的。對企業的員工來說，也是如此，一個管理者把一個人才招募到公司時，只要為他提供良好的工作環境，他就會發揮才能，為公司創造利潤；如果企業沒有好的環境，能力再強的人，也不能發揮出他的才能。但不幸的是，許多管理者意識不到環境的重要性，一味地向員工要效率，卻不給員工提供良好的工作環境，結果徒勞無功。

將藍斯登定律應用到企業中，我們可以發現：企業生產效率最高的群體，不是薪金豐厚的員工，而是工作心情愉快的員工。每個人都希望被尊重，希望得到公司的重視與認可，希望公司給自己創造一個快樂的環境，並在這個快樂的環境中施展自己的才華，實現自己的人生價值。愉快的工作環境讓人得心應手，對工作特別積極；不愉快的工作環境會使人產生抵觸情緒，嚴重影響工作效率。很多公司的管理者，喜歡在公司裡板起面孔，表現出一副嚴父的模樣，覺得只有這樣才會贏得下屬的尊重，方便員工的管理，這是一個管理的誤區。現在員工的平等意識增強了，板起面孔並不能達到真正的權威，反而疏遠了員工，使員工產生越來越多的不良情緒，因此，放下尊長意識，努力做你下級的朋友，員工將會快樂地工作，工作也會更具效率、更富創意。

一九九五—一九九九年，美國生產總量的1/8來自沃爾瑪。沃爾瑪能取得這麼大的成功，與它給員工提供發揮才能的環境是分不開的。

沃爾瑪創業之初的用人原則是「吸納、留住、發展」，隨後演變成了「留住、發展、吸納」，這意味著沃爾瑪更加重視給員工提供良好的發展空間，從內部培養、選拔優秀的人才。為了將這一原則落到實處，而採取了以下做法：

首先，他們把員工當成合夥人，管理者與員工的關係成為真正意義上的夥伴關係。沃爾瑪在公司內部，實行利潤共用政策，這使沃爾瑪的員工和公司成了一體，員工將公司的利益當成自己的利益，因此更加努力地工作，充分發揮自己的才能，為自己、為公司創造效益。

其次，沃爾瑪通過分享資訊和分擔責任，使員工產生參與感，並增強了員工的責任感。在沃爾瑪的各個商店裡，員工很清楚地知道該店的利潤、進貨、銷售和減價的資訊，這樣員工就能知道怎麼做才能給公司帶來更大的效益，並積極朝著這個方向不斷努力，為公司增加效益，也為個人積累財富。

再次，沃爾瑪善於運用培訓機制來發展人才，在沃爾瑪，每個員工都有一個共同的信念，每個人都可以實現自己的價值，每個人都可以充分運用自己的智慧源泉，為自己、為公司創造價值。為此，沃爾瑪為員工安排入職培訓、技術培訓、崗位培訓、海外培訓等；為管理人員安排領導藝術培訓。公司總部不定期地從世界各地分公司選拔優秀人才進行培訓，培訓內容包括零售學、商業運作、管理、高級領導技術等，培訓時間短的有數周，長的甚至達數月。

此外，沃爾瑪通過輪崗，讓各層員工體驗不同的工作，接觸企業內部的不同層面，尋找適合自己的發揮途徑，掌握各種技能。在沃爾瑪，施行公僕式領導原則，所有的管理者被稱為教練。他們為員工創造必要的工作條件，進行各種培訓，讓員工不斷接受挑戰，獲得全方位發展。對一些表現良好，具有管理、銷售潛力的員工，沃爾瑪的管理層就會給他們提供機會，安排他們做助理經理，或開設新店讓他們管理。

如此廣闊的舞臺，極大地激發了沃爾瑪員工的潛能，人們總是驚奇地看著一個平凡的人，進入沃爾瑪後變成了一個非凡的人才。正如沃爾瑪的創始人薩姆・沃爾頓所說：「對待員工，要像對待花園的花草樹木一樣，需要用精神上的鼓勵、晉升和優厚的待遇來澆灌他們，必要時細心除去園內的雜草，給他們一個適合發展的環境。」

為避免員工不思進取，管理者在運用「藍斯登定律」時應注意以下幾點：

一、給員工提供廣闊的發展空間

為了員工未來的發展，應該有更多的空間給自己的員工，鼓勵員工在工作中暢所欲言。工作的目標只有一個，但是完成目標的方法卻有很多種，為了瞭解員工心中的答案，管理者可以組織員工進行經驗分享，開展優秀員工座談會，經典案例回顧等各種活動，來相互交流，提高業務知識和技能，促進企業團隊任務保質保量地完成。企業的發展需要有一條核心軌道，員工可以按照自己的意願做自己想做的事，但是不可以偏離這條核心軌道。制度是確保員工不偏離公司軌道的保障，完善的制度不僅可以降低企業發展的風險，還可以給員工帶來更大的發展空間，員工可以在允許的範圍內，找到自己的人生定位，並快樂地工作，努力發揮自己的特長，為公司創造更大的利潤。

二、允許員工犯錯

給員工創造快樂的工作氛圍，就要允許員工犯錯。做允許犯錯的企業，就要鼓勵怕犯錯的員工，並培養出一批敢於創新的員工。公司要從一個小公司發展成為令人羨慕的大公司，員工承擔的任務、經歷的挫折會有很多，公司不斷給予的機會能使員工在實戰中累積一定的經驗，還能使員工迅速提升自我，為公司創造效益。員工犯了錯，管理者應該包容並給予理解，這樣員工就能快樂地工作，沒有過大的壓力，並在今後的工作中更加努力。管理者更應該注重員工對錯誤的認識：員工是否認識到錯誤，並想辦法彌補損失；員工是否主動分析錯誤，並儘快找到解決問題的方案；員工是否主動改正錯誤，並在今後的工作中避免類似錯誤再次發生等。

三、多與員工進行溝通

內部溝通能更好地管理員工，加強管理者與員工的互動，使員工在工作中遇到的困難及時得到解決，員工就會心情舒暢，並在今後的工作中更加快樂、高效地工作。交流、溝通是員工團結的橋樑，是公司步調一致的保障。人力資源部應該定期走訪各部門一線的員工，及時搜集整理員工的意見和想法，並回饋給高層管理者，作為公司重要決策的依據，不能忽視任何一個部門的意見。高品質的公司高層內部刊物，組織集體活動，如旅遊、運動、競賽等可以拉近員工與高層領導之間的距離，可以讓內部溝通更加人性化。

洛伯定理：善於利用每一位員工的優點

「洛伯定理」是由美國管理學家洛伯提出的。洛伯定理強調，如果你只想讓下屬聽你的，那麼當你不在時他們就會不知所措；而當你不在場時可能會發生一些突發狀況，這時員工不會積極地想辦法應對，他們什麼事情都等著你來處理，什麼事情都是你告訴他們怎麼做，最終使事情不能得到及時的處理與解決。

一些公司的員工，領導在時表現得很積極，可領導一不在，立刻精神渙散，什麼工作都不想做。在這種情況下，集體的力量就無法得到發揮。一個人的精力是有限的，即使再能幹，再能吃苦，頂多比別人多幹兩個人的工作；聰明的管理者應該隨時將工作做好分工，減輕自己的工作負擔，從瑣碎的事務中解脫出來，不但公司工作進行得很順利，而且本人也有充裕的時間集中精力想大事、幹大事，策劃新專案，推廣新計畫，實施新政策，為公司的發展做長久打算。

在一個公司中，不僅有重要的工作，當然還會有很多瑣碎的工作，作為公司的管理者，不可能包攬公司一切大小事情，管理者對員工這也不放心，那也不放心，那麼什麼時候你的員工才能真正地成長呢？管理者應該有這樣的境界，就算你因為有事離開公司一段時間，公司都照常運轉，公司的效益也絲毫不會有損失，領導在與不在，員工都一個樣，該幹什麼幹什麼，絲毫不會因為領導沒來就亂了陣腳。無疑，這樣的領導是成功的，這樣的公司是有前途的。

適當授權給下級有助於企業上下一致，相互協調，使下級從原來的被動服從上級指揮，到主動支持上級工作；還可以激發員工的工作熱情，使員工大膽地放開手腳去工作，提高創造力，為公司做出創造性的貢獻；有利於管理者集中精力處理重大問題，做出一些重要決策，讓公司的發展更上一個新的臺階；有助於培養人才，將知識和技術傳遞下去，促進員工去思考問題、提出問題、解決問題，同時也為公司帶來更大的利潤，使企業長久地發展下去。

在日本，本田代表著技術與活力，它是日本大學畢業生嚮往的地方。本田創立於一九四六年，在幾十年內對日本年輕人產生如此大的影響，與本田公司領導對下級的充分授權是分不開的。他們認為員工是企業的財富，在工作中充分授權，發揮員工的優點，鍛煉員工的協調能力，提高員工各方面的技能。

公司內，不管是高級主管還是普通員工，都不以職務相稱，而以「先生」相稱，公司董事沒有單獨的辦公室，採用一個大房間的「董事同室」辦公。高級主管幹部到50歲就為年輕人讓位，提拔年輕人，為公司注入新的活力。

本田株式會社第二任社長河島，想打開美國市場，在進入美國開工廠前，企業內部設立了籌備委員會，籌備委員會彙集了公司最有才華的員工。員工負責所有具體方案的策劃，而河島本人只做出決策，不參與方案的策劃，他認為員工策劃的方案比自己做得要好。位於俄亥俄州的廠房基地，河島放心地交給員工去做，自己一次也沒有到現場巡查過，這足以證明河島充分授權給員工。當有人對河島不赴美考察提出異議時，他說：「我對美國不熟悉，既然熟悉它的人認為這塊地好，就應該相信他的眼光啊！我又不是房地產商，也不是帳房先生。」河島將財務和銷售兩大項工作全權交給副社長處理，這一做法繼承了本田的做事原則，充分體現了河島管理上的聰明之處。

一九八五年9月，東京青山建成了一棟具有現代感的大廈，赴日訪問的英國王子和王妃參觀了這棟大廈，對此事媒體競相報導，本田青山大廈從此聞名於世。本田宗一郎本人在本田公司建設這座大樓時，並沒有發表任何意見和建議，他將權力下放給一批年輕的知識份子，讓他們提出各種方案，對整個大廈進行規劃，建成了這座大廈。這座大廈的建成，聚集了很多年輕人的思想和智慧，也充分體現了本田領導者信任下屬，發揮員工積極性的高明之舉。

第三任社長久米在「CITY」系列車開發中，也充分體現了公司的授權原則，負責「CITY」開發小組的成員，很多都是二十多歲的年輕人。一些董事擔心將開發專案交給一群年輕人不太靠譜，但是久米對這些人的異議根本不理會，仍然支持年輕人的開發研究，他說：「這些年輕人覺得那麼做可以，就讓他們去做好了。」對於周圍人的異議，年輕的技術人員則自信地對董事們說：「開這車的人不是你們，而是我們這一代人。」在社長的支持與技術人員的努力下，一輛車型高挑，打破了以往汽車必須呈流線型的常規的新車「CITY」研製出來了。一些保守的董事們又開始擔心起來，這麼醜的汽車，能賣出去嗎？但技術員相信，現在的年輕人就希望擁有一輛這樣的車。不出所料，這款車一上市就受到了年輕人的青睞，很快就流行起來。久米就是因為大膽起用年輕人，善於利用每個人的優點，並充分授權，從而取得了本田公司輝煌的業績。

在企業成長的過程中，管理者所面臨的最大挑戰之一，便是授權，授權是一個企業成長的關鍵。如果管理者有心授權，卻不懂得授權之道，就不能發揮員工的能動性，要想最大限度發揮員工的能動性，管理者在實際管理中應用洛伯定理，應注意以下幾點：

一、挑選人才，視能授權

孔明北伐，街亭失守，錯不在馬謖，錯在孔明不用魏延做先鋒而用馬謖，這是授權者沒有選準合適的對象導致的。在挑選授權的人才時，要用七分眼光看長處，用三分眼光看短處，如果只看員工的短處，就可能擔心員工的工作而對其更加操心，而員工也不能在工作中發揮自己的特長。每個人都有自己擅長的領域，也有自己不熟悉的地方，授權者在授權時要做到人盡其才，充分發揮員工的獨立自主性，激發員工的工作熱情；對能力強的人，儘量多授一些權力，這樣既可以把事情做好，又能從多方面鍛煉人才；對能力較弱的人，要仔細觀察其在工作中的表現，視其表現而定。

二、授之有據，一授到底

管理者應以授權書、委託書等書面形式授權，這樣既可以以此為證，避免個人或其他部門「不買帳」的現象，也可以限制被授權者做越權的事，還可以避免被授權者對其分內的事推卸責任，更可以提醒授權者已經將權力授予別人，不要對權力死抓著不放。授權要一授到底，不要拖拖拉拉，這既是對員工的一種信任，更是對員工的一種激勵，從最大程度調動員工的積極性。

三、目標明確，信任為本

劉備臨終前將權力授予了李嚴，但孔明對李嚴總是不放心，擔心會出變故，凡事都自己做，李嚴的才幹沒有發揮出來，兩個人的關係也因此破裂。

管理者將部門的工作目標明確以後，就要放心地交給員工去執行，不要因為被授權者稍微犯點錯誤就將權力收回。這樣容易使被授權者覺得自己不被信任，產生被欺騙的感覺，影響正常工作情緒，導致工作中出現的問題不但沒有解決，反而變得更糟。管理者既然已經將權力授予員工，就應以信任為本，放開手讓員工去工作，不信任是對員工最大的傷害。

四、監督指導，權責一體

管理者在授權的同時，還應明確告知被授權者，公司將組織人員定期對其任務的落實和工作的進展進行必要的檢查，以增加員工的責任感。授權後，為了使員工能儘快適應工作，授權者應對被授權者耐心指導。管理者不要認為授出了權力就什麼都不關自己的事了，儘管權力授予了員工，但是出了問題，自己還是要承擔大部分責任。因此，管理者應及時指出並糾正被授權的員工在工作中出現的錯誤；如果員工遇到困難，應當細心指導，幫助員工解決困難；對於員工因為經驗不足造成的失誤，管理者要勇於承擔責任，為員工創造一個寬鬆的工作環境，鼓勵員工吸取經驗教訓，在今後的工作中繼續努力，為公司創造效益。

彼得定律：給予優秀員工晉升的機會

「彼得定律」是由美國學者勞倫斯・彼得對組織人員晉升的相關研究，在《彼得定律》一書中提出的。該定律強調每個組織都是由不同的職位、等級、階層組成，每個人都屬於其中的某個等級，每個人都有他的提升指數，當他被提升達到高位時，他的提升指數為零，他的提升過程也隨之結束了。

世界上每份工作，都會出現無法勝任的人。由於表現良好，員工會不斷地得到提拔，直到他們不能勝任為止，這樣的提升導致公司大部分職位由不稱職的人擔當。不稱職的領導，阻礙了其他有能力勝任的人的提升途徑，在很大程度上影響了公司的發展。

每一個新興的企業，剛開始的時候工作做得都很好，但是慢慢地就會變成暮氣沉沉的官僚機構，使優秀員工得不到施展的機會，而一些無能的員工卻爬上了更高的領導位置。每一個員工都會對工作產生一定的影響，這其中有好的影響，也有不好的影響，無能的員工將會使工作一團糟，不久，整個企業就會處於蕭條的狀態。

企業中存在兩種人，一種是能勝任現在的工作，但不求上進，只能做好現在的工作，向上升一級就無法勝任自己的工作的人；另一種是不但能勝任現在的工作，而且積極進取，學習能力強，不斷提升自己的能力和素質，能勝任任何職位的人。企業就是要發現並培養第二種人，使企業每一個職位都有很好的接班人。提拔員工重要的就是要看員工的潛力，良好的業績並不能完全作為晉升的理由，更重要的是員工能否在更高的職位上發揮能力。

小李在一家科技公司從事技術研發工作，由於他工作努力、刻苦鑽研、待人誠懇、樂於助人，深受上級領導的賞識和同事的好評。小李的性格沉穩，愛好鑽研，經常做實驗，搞創新，在工作中體現出了自己的價值。工作一段時間後，小李就被公司提升為主管。小李很感激領導對自己的提拔，暗自下決心，要以最好的業績來回報公司。在工作上他更加努力，想出更多的好點子為員工解決困難。員工有什麼困難都愛找他，他也大方地把員工的困難都包攬在自己身上。剛上任沒幾天，小李就發現有很多不對勁的地方：

第一，自己除了從事技術研究工作之外，還要花更多的時間與精力來處理周圍員工出現的各種問題，瑣碎的事情讓他忙得團團轉，沒有時間考慮更多技術方面的工作。

第二，由於工作進展不順利，要經常加班，有時加班加到凌晨，但還是不能保質保量地完成工作，對此小李身心疲憊，同事也有很多怨言。

第三，下屬中很多老的技術員對自己不服氣，經常和自己對著幹，小李礙於面子，不好意思說什麼。結果弄得自己完不成公司分配的任務，領導不滿意；經常加班加點，同事不滿意；自己也因此身心疲憊。

小李從一個優秀的技術員變成一個不稱職的主管了。

每個人都期待著不斷地晉升，認為爬得越高就越好，這樣不僅不利於自己能力的發揮，還從一定程度上阻礙了公司的發展。與其在一個無法勝任的崗位上苦苦支撐，還不如到一個對自己來說遊刃有餘的崗位上發揮自己的優勢。如果一個企業中大部分人員被安排到不稱職的崗位上，就會造成人浮於事，效率低下，公司發展停滯不前。因此，提拔一個員工，要綜合考慮其在工作中的表現，仔細斟酌，保證每一個晉升的員工都能為公司帶來好的效益。

百事可樂公司成立於一八九八年，公司總部在美國，它的產品暢銷全球，深受人們的喜愛。公司總裁韋恩·卡洛韋，對於公司如何取得如此驕人的成就這一問題的回答只有一個字——人。

韋恩·卡洛韋對他大部分下屬的狀況瞭若指掌，他用40%的時間去研究如何用人，採用優勝劣汰的用人原則，擬定用人的標準，每年至少一次與他的下屬討論工作上的問題。如果一個下屬沒有達到他制定的標準，他就會給這個人一段時間，讓他們充實自己、完善自己，如果一段時間後這個人達到標準，第二年就會提高對這個人的要求。

經過對公司員工的仔細調查，公司將員工分為四類：第一類，最優秀者，這樣的人將不斷得到提升的機會；第二類，可以晉升，能力也能達到晉升的標準，但目前不能安排晉升；第三類，能力不足者，這類人需要在工作崗位上多磨煉一段時間，或經過一段時間的專業培訓，能力有所提高者，在今後的工作中也許會得到晉升的機會；第四類，最差者，這類人將直接被淘汰出局。

百事可樂公司堅持優者勝出、劣者淘汰的原則，為公司留下了優秀的人才，淘汰了不思進取、混日子的員工，節約了成本，同時也為公司創造了更多的利潤。這正是百事可樂公司取得成功的法寶。

在一個企業中，一些優秀員工的潛能得不到發揮是很常見的，為了公司的發展，管理者有責任挖掘那些被埋沒的人才。為了避免出現「彼得定律」現象，管理者應注意以下幾個方面：

一、改變員工升職心態

公司的薪酬與職稱成正比，職位越高，薪酬越高。這造成了員工之間的競爭，他們一心只想往上爬，甚至不擇手段地爬上最高的位置，直到被安排到一個不適合的崗位上。他們個人權力的欲望滿足了，卻嚴重阻礙了公司的長遠發展。有這樣一句名言：「身為人類家園中的一名優秀成員，我發誓要尊重自己，也尊重他人，並透過言語或行動實踐我的主張。我發誓我個人的一舉一動或所有決定，都將朝著提高生活品質的目標邁進，而不是向上攀升到自己無法勝任的地位。」所有的員工都應該有這樣的思想與覺悟。員工在爭奪權力的時候弄得自己狼狽不堪，自己的真正才能得不到發揮，卻在一個不適合自己的崗位上耗費自己大量的時間與精力，這大大違背了晉升的美好初衷，每個人都應該注重自己為公司創造的價值而不是權力。

二、建立科學、合理的提升標準

企業應該摒除「根據貢獻決定晉升」的晉升機制，不能因為員工在工作中表現優秀，就認為這個人肯定能勝任更高一級的職務。企業建立科學、合理的升遷機制，客觀評價員工的能力和水準；加強對各類崗位的研究，合理分配崗位職責，按工作能力、技術水準等要求，將員工安排到其可以勝任的崗位，發揮員工的特長與潛力，為公司帶來創造性的貢獻。

三、實行寬頻薪酬體系

所謂寬頻薪酬體系，就是拉大同等級員工的薪酬，縮小不同等級員工的薪酬差異，按照按勞取酬、多勞多得的取酬原則，改變傳統企業按職稱拿工資的現狀。在一個企業中，並不是員工的行政級別越高，薪酬水準就越高，在現代的企業中會出現這樣的情況：一位沒有任何行政頭銜的優秀醫生的薪酬可以超過院長的薪酬；一位高級技術人員的酬勞有時候超過車間主任；一位優秀的推銷員的薪酬比銷售經理的薪酬高等。只有這樣，員工才能在工作中努力表現，不斷提高自己、完善自己，實現自己的人生價值。企業還可以建立更加有效的獎勵機制，加薪、休假等方式，使員工在工作中發揮更大的潛能，給公司帶來更大的效益。管理者要讓員工明白這樣的道理：只要工作做好了，用不著當領導，員工的期望也會得到滿足。

四、晉升前進行管理培訓

在晉升員工前，企業要慎重、周全地考慮人選，對員工提供一些相關的培訓，無疑是一個很好的方法，培訓能幫助員工在今後的事業中處理各種問題。對員工進行一段時間的培訓後，可以通過簡單考核，測試員工經過培訓後的各項水準；員工各項水準都達到一定的標準後，再對其進行提拔。為了考查一個人是否能勝任更高的職位，還可以採用臨時性或非正式性的提拔方法，如在委員會或專案小組中賦予員工權力，特殊時期讓他擔任代理職位等，來觀察他在工作中的表現，讓員工在工作中的各個領域不斷得到鍛煉與提高。

藍伯格定理：在壓力中超越自己，才能不斷發展壯大

「藍伯格定理」是由美國銀行家路易士・B・藍伯格提出的，他強調壓力與動力是並存的，壓力可以轉化為動力，但不是所有的壓力都可以轉化為動力。壓力轉化成動力，需要承受者具備承受壓力的能力——超越自己的能力。

壓力是可以轉換成動力的，但不是所有的壓力都可以轉變為動力，在轉換的過程中，我們要以積極、樂觀的心態，通過正確的方法引導壓力，使壓力轉換成動力。工作節奏加快，超強的工作壓力，讓很多人都變得越來越煩躁不安，但是不管多麼艱巨的工作，你都要相信自己，微笑地面對工作，並努力將工作做好。不管工作是否成功，你的這種知難而上的精神都會贏得別人的尊重與認可。承擔艱巨的任務本身就是一個鍛煉自己能力的機會，很多人不敢嘗試這樣的機會，將機會留給了別人，於是壓力沒有了，提升自己能力的機會也沒有了。

對於一些剛進入職場的人，他們做事謹小慎微，只能從事一些簡單的工作；對於那些具有挑戰性的工作，他們不敢主動發起「進攻」，對工作一躲再躲；他們怕自己完不成任務被別人嘲笑，被領導責罵。如果一直採取這樣的態度對待工作，很快別人就會超過你，將你遠遠地落下；別人都在各自的工作中得到了提高，唯獨你沒有進步；你的工作壓力會越來越大，並且只能從事一些簡單、瑣碎的工作，只要工作稍微有點難度，你就勝任不了，時刻面臨被公司炒掉的危險。

所有事物的發展都是要經歷一定的挫折的，適當的壓力可以激發人的動力，將壓力轉換為動力。一些優秀員工之所以優秀，是因為他們的危機意識比別人強，他們認為自己不努力就會落後於別人，於是他們將壓力轉化為強有力的動力，在工作中恪盡職守，用行動證明自己的能力；面對一個不可能完成的任務，他們不怕苦，不怕累，不斷力爭上游，想盡辦法提高效能，加班加點也要完成公司交給的任務；別人沒有做成的事，他們做成了，於是他們得到了領導的賞識，別人也會對他們刮目相看。完成任務的過程是痛苦的，但是在完成任務的過程中，他們從教訓中獲得了經驗，他們的能力也在不斷得到提高。

在工作中，很多員工通過不懈努力，取得事業上的成功。但是面對這些成功，很多員工會驕傲自滿，不求上進，使原來經營很好的企業，在競爭中很難立足甚至破產。面對全球激烈的競爭，企業為了保持自己的實力，在競爭中不斷打敗競爭對手，企業和員工應該意識到革新和變化是永恆的，只有戒驕戒躁，不斷在壓力中提高自己，才能使企業不斷發展壯大。

企業經營有一個大的趨勢：企業管理者不再像過去那樣扮演權威的角色，而是在不斷給員工製造壓力的同時激勵員工，充分挖掘員工的潛能，讓員工為公司創造最高效益。在實際管理中，管理者應用藍伯格定理，需要注意以下幾個方面：

一、讓員工學會承受壓力

在實際管理中，有很多員工總是固守陳規，只做該做的工作，不該做的工作堅決不做，不願挑戰自我，更別提在工作中發展創新了。面對這些有惰性心理的員工，企業應該在給員工製造一些壓力的基礎上，多鼓勵員工，讓員工在工作中學會承受壓力。管理者還可以嘗試性地給員工一些具有挑戰性的工作，讓員工試著去做，不管員工做好做壞，都要鼓勵員工，增加員工的自信心。通過一次次的磨煉，培養員工承受壓力的能力。

二、指導員工將壓力變動力

很多員工不願意承受壓力的一個最主要的原因是，他們害怕自己完不成任務，遭到領導的責怪，以及同事的嘲笑。管理者在管理過程中要站在員工的立場上，充分為員工考慮，消除他們的疑慮，給他們足夠的自信，從心態上使員工放鬆；員工在工作中遇到困難時，要給員工提供一定的幫助，幫助員工從困境中解脫出來；員工不能很好地完成工作時，要給予適當的安慰，不要打擊員工的積極性，鼓勵員工在下一次的挑戰中繼續努力，使員工學會將壓力轉換成動力，在工作中不斷完善自己，為公司創造效益。

三、適當獎勵員工

對於一些在壓力中表現出色的員工，要及時給予獎勵，精神上可以採取表揚的方式，在員工大會上點名表揚這些員工，讓員工在大會上說出自己的心得，激勵更多的員工在工作中不斷創新，變壓力為動力，為公司創造利潤；物質上給表現好的員工一定的獎金、購物卡以及一些生活用品，或組織員工去國外旅遊等。讓員工不僅從精神上得到滿足，物質上也給予一定獎勵，從最大程度上調動員工的積極性，讓員工在工作中自主創新，在壓力中不斷成長。

吉寧定理：真正的錯誤是怕犯錯誤

「吉寧定理」是由美國多布林諮詢公司集團總裁吉寧提出來的，他告訴我們，失敗是成功之母，只有正視失敗，從失敗中吸取教訓，才能打開成功的大門。

美國一家鑽石企業，剛成立的時候，企業想開採鑽石。在地質勘探的過程中出現一次小小的失誤，沒有開採出鑽石，卻意外地發現了世界上最大的鎳礦；李維・斯勞特斯開始的時候想要在加州開金礦發財，在經受了幾次挫折之後，他開始用帆布來為礦工縫製穿的褲子，現在李維斯牌的牛仔褲已經走出國門，走向世界；如果愛迪生一直都在公司中做一個小小的職員，那麼他就不會發明電燈泡，給全世界的人民帶來光明；哥倫布如果不是在開闢連接東方的航道時出現失誤，世界不知道要延後多少年才能發現美洲的新大陸，也就沒有現在的美國。

一個企業要想成功，就必定經歷失敗。因此，企業在管理員工的時候，不要害怕員工犯錯，而是要告訴員工，錯誤並不可怕，真正的錯誤是怕犯錯，並因此在工作中畏首畏尾，什麼都放不開，結果雖然沒有出現大的錯誤，但是因此延長了工作時間，別的員工一個小時就能做好的事情，他們可能需要兩個小時，甚至更多；還延誤了自身素質的提高，別的員工在工作中不斷犯錯，但是他們認真吸取經驗教訓，使其素質與能力都得到了很大的提高；也阻礙了企業的發展，市場的風雲變幻，要求企業不斷發展壯大，並具備一定的創新能力。但是不犯錯的員工或害怕犯錯誤的員工將使企業毫無生機，在激烈的市場競爭中競爭力低下，甚至被市場淘汰出局。

只有不斷犯錯，才能不斷成長起來。只有不怕員工犯錯，並認真幫助員工分析問題，吸取教訓，鼓勵員工從失敗中打起精神，使員工不斷成長起來，在工作中積極表現，為企業贏得利潤，並為企業的發展做出應有的貢獻。員工所犯的錯誤，有時還能為企業的發展帶來意想不到的效果，以前讓企業領導頭疼的問題，正因為員工的一次錯誤經歷，導致問題輕鬆地解決了；企業很有可能從員工所犯的錯誤中，得到提高效率的好方法，使企業競爭實力雄厚，在激烈的市場競爭中，擊敗競爭對手，佔據較大份額的市場。

在工作中，害怕犯錯誤，這將會引起員工的止步不前，而員工的止步不前，另一個錯誤又產生了。一位名叫帕斯誇爾列夫的歌唱家曾經說過：「一個人歌唱的成功，是站在長梯子的頂點，而每一格都代表著重複的失敗，我們在失敗中吸取教訓，並以此為基石，不斷向成功靠近。」員工在工作中不要擔心犯錯，也不要害怕失敗，因為障礙和失敗，是通往成功的最重要的踏腳石。只要每個人悉心研究挫折和失敗，並努力對工作進行改進，就會受益無窮。

在企業中，領導非常需要員工不怕犯錯誤的精神。在這個風雲變幻的時代，最大的錯誤就是墨守成規。管理者應該以變應變，來適應不斷變化的環境，使企業在市場中不斷擊敗競爭對手，獲得成功。

一、不怕員工犯錯

市場的變化多端，給企業提出了更高的發展要求。企業要想在市場中站穩腳跟，並不斷發展壯大，就需要企業有強有力的競爭力，並不斷推陳出新。市場中允許企業上市一個功能不太齊全、性能不太穩定的新產品，也不允許企業始終上市一個性能相對穩定、功能相對齊全的舊產品。墨守成規是企業發展中的大忌。市場允許企業在競爭中犯錯，那麼企業也應該允許員工在工作中犯錯。企業應鼓勵員工，在工作中不要怕犯錯，人人都會犯錯，在成功之前，就做好犯錯的準備，才有可能不犯錯誤。因此，管理者要教導員工正視犯錯，不將犯錯僅僅當成一次工作中的挫折，還應該將犯錯當成提升自己、完善自己的機會。這樣員工就會在心理上得到安慰，緊張的情緒也因此得到緩解，並不斷地將壓力變動力，在工作中積極表現，為企業的發展做出貢獻。

二、勇於為員工的錯誤埋單

企業發展的過程中，不僅要不怕員工犯錯，還應該勇於為員工的錯誤埋單。工作中，員工害怕犯錯的一個原因是怕因為自己的錯誤給企業帶來大的損失。有的企業制度嚴格，對員工在工作中的錯誤給予嚴厲的懲罰，這不僅給員工造成一定的心理負擔，還使員工在工作中不敢放開手腳，限制了員工潛能的發揮。為了企業的長遠發展，企業應該努力打消員工怕犯錯誤的心理，對於員工工作中出現的錯誤，要鼓勵員工，爭取在下次的工作中努力工作，取得成功；企業還應該積極承擔責任，解決員工後顧之憂。這樣員工就會在以後的工作中更加積極表現，努力進取，不斷完善自己，並提高自己各方面的技能，用自己的實際行動為所犯錯誤「埋單」。員工素質的提高將帶動企業不斷走向成功，使企業不斷發展壯大。

三、讓員工在錯誤中吸取教訓

企業的發展過程中，一定會遇到挫折和失敗，只有不斷吸取經驗教訓，才能避免在今後的發展中犯類似的錯誤。因此，管理者既要允許員工犯錯誤，又要善於為員工的錯誤行為負責，還應該讓員工在錯誤中吸取教訓，在失敗中成長。員工在工作中出現錯誤，企業為員工承擔責任，如果員工不吸取經驗教訓，就可能在今後的工作中出現類似的錯誤。企業允許員工犯錯，但是不允許員工犯兩次同樣的錯誤；企業可以為員工的錯誤埋單，但不能為員工相同的錯誤埋單兩次。因此，企業不僅要鼓勵員工在錯誤中吸取教訓，還應該讓員工清楚由於他的錯誤導致企業受到多大的損失。允許員工犯錯，就是為了使員工在工作中不犯相同的錯誤。只有將每次的犯錯都作為提升自己的一個機會，並認真分析、總結經驗教訓，才能在提升自己的同時，為企業的發展貢獻自己的一份力量。

路徑思維定律：避免路徑依賴產生的負面影響

「路徑思維定律」是由美國經濟學家道格拉斯・諾思提出的，該定律強調由於慣性，一旦進入某種路徑，就會對這種路徑產生依賴。

人們都在無意識中培養一些習慣，或者按照習慣的模式，在生活中重複著相同的動作，這無疑是人類的天性。我們都在潛移默化中受著習慣的影響，不知不覺屈服在習慣之下。任何事物都有兩面性，習慣也不例外。習慣可以為我們的生活、工作帶來便利，產生好的影響；也可以讓我們的生活變得懶散、不求上進，如喝酒、吸煙等各種各樣的壞習慣，這些習慣會佔用我們大部分的時間，讓我們的生活變得一團糟，並在無形中吞噬著我們的時間與生命。

在現實生活中，路徑依賴很常見，尤其是在官僚機制的組織結構中，一個企業確定了一個管理模式之後，員工就會遵照這個模式，並逐漸習慣這個模式。但是，由於慣性，很少有人會去思索這種行為是否合理、有效。從另外一個角度來講，具有路徑依賴的群體不一定都是壞事，在一定的時期反而有益於公司的穩定。在一定程度上，人們的選擇會受到路徑依賴的影響，人們過去的選擇決定了他們現在的選擇，人們現在的選擇在很大程度上決定了將來的選擇。「路徑依賴」可以解釋所有有關習慣的問題。一般「路徑依賴」會產生兩種結果：一是沿著制定好的路徑走下去，可以將企業帶入良性循環的軌道，使企業各方面都能很好地發展下去；二是企業順著制定錯誤的路徑走下去，企業效益一步一步往下滑，處於一種無效率的狀態下，企業一旦進入這樣的狀況，想要擺脫困境就變得很困難。

對於一個企業來說，一個制度的建立是需要制定者付出很多時間和精力的，不管這種制度是好是壞，很多人都不願意再花費很長的時間去研究、制定。即使有新的制度出現，並且比以前的制度更有效率，人們也不會接受新的體制，人們總是存在這樣的一種誤區：對現有路徑有著強烈的要求，並鞏固現有的制度，對新制度採取抵制的態度。這從很大程度上阻礙了公司的正常發展，公司在市場上的競爭力也因此下降，導致公司的效益低下，員工大量流失。

對個人來說，人們在做出某種選擇之後，就會為自己的選擇投入各種資源，其中包括大量的時間、精力，還有金錢等，如果自己的選擇是正確的，他們就會沿著這條路一如既往地走下去；直到有一天他們發現自己選擇的路是錯誤的，做出的選擇對自己的發展根本沒有任何價值，他們才會被迫接受這個事實，並選擇放棄，重新為自己選擇另外一條道路。在尋找新道路的過程中，他們發現自己的心血變得一文不值，自己前期所有的努力都白費了，對於任何人來說，這樣的損失都是可惜的，它讓一個人的理想破滅了，不管是從物質上，還是從心理上，對這個人來說都是一個不小的打擊。

企業的管理者應該對外部環境的變化要非常敏感，並能較早地採取行動，對公司一些制度進行改革。為了避免路徑依賴產生的負面影響，管理者在實際管理中應該注意以下幾個方面：

一、發現錯誤的路徑

管理者要在工作中及時發現一些工作上不再需要的流程，並將之清除；隨時留意工作流程中發生問題的環節，並及時解決問題。在我們的工作中存在很多不必要的流程，這些流程在當初設計的時候，有的僅僅是為了達到一個簡單的目的；現在條件改善了，之前的一些程式沒用了，但是沒有人對現有的制度進行改革，很多不必要的流程也一直沿用下來；很多人不清楚為什麼要這樣做，只是在慣性的作用下一遍又一遍地重複著乏味的工作。及時發現這樣的路徑，並儘快從這樣的路徑中解脫出來，才能使企業在競爭中不斷打敗對手，時刻處於領先地位。

二、跳出錯誤的路徑

企業渴望成功，希望通過努力奮鬥，使公司在競爭中處於領先地位。但是一旦選擇了一條道路，我們就很難再重新做出抉擇，因為重新選擇的成本太高了；有很多時候我們在做出了一個選擇之後，就再也回不了頭了。面對一個錯誤的選擇，管理者只有勇敢地面對，及時捨棄舊的制度，重新規劃我們企業的體制，勇敢地跳出來。無論是正確的選擇還是錯誤的選擇，企業的目的只有一個，就是成功。我們以前之所以錯了，是因為我們沒有選擇一個正確的路徑。

三、選擇正確的路徑

每個人都有自己的思維模式，這種模式對以後的人生會產生很大影響。人們過去的選擇決定了他們現在的選擇，人們現在的選擇會決定他們以後的選擇。在你做出你的第一次選擇的時候，你的人生就確定了。同樣，企業在做出任何選擇的時候都要謹慎，避免路徑依賴的負面效果對我們的工作產生不必要的影響。因此，管理者要在最開始的時候為企業找准一個正確的路徑，在做出選擇的時候，要根據多方面的資料與資訊，綜合考慮；還可以向有經驗的員工多請教，通過大量的調查與對比，做出合理的判斷，選擇正確的路徑。

四、推廣正確的路徑

在一個企業的發展中，經常需要剔除一些廢舊的制度，推廣一些新政策，但是企業中普遍存在一種惰性心理，人們不願意去改變原有的制度，他們對新制度總是採取懷疑的態度，認為一個制度從公司以前流傳到現在，肯定有它優越的性能，不然不會流傳到現在，既然已經流傳到現在了，一定會繼續流傳下去，沒必要再去制定新的制度。在企業的管理中，管理者要勇於推廣一些對公司有利的制度，並向員工做出說明，以得到員工的支持。雖然推廣一些新的制度對管理者來說有一定的難度，但這個行為是有意義的，管理者應該繼續不斷地推廣下去。

巴菲特定律：創新才能獲得更多的機遇

「巴菲特定律」是由美國「股神」巴菲特提出的，該定律告訴我們，不要去效仿他人，要勇於走自己的路，才有可能走跟別人不一樣的路。在別人都沒有投資的地方去投資，你才有可能發財。

在市場上我們經常發現這樣的現象：看到有些產品賺錢了，很多企業馬上蜂擁而上，積極向這方面投資；當某個產品不賺錢了，企業又會立即改變風向，轉投別的項目。這種做法不僅對公司品牌的形象不利，還會影響到公司的長久發展，尤其是一些實力不是太強的小公司，要學會在市場中獨闢蹊徑，以尋求自己的發展。技術和市場的變幻莫測，要求企業在發展過程中不斷創新，以適應市場以及技術的要求。創新能力是一個企業贏得市場的重要途徑，只有具備了創新能力，企業才能在激烈的市場競爭中掌握主動權，成為市場的領導者。

事實證明，戰場上沒有常勝將軍，市場上也沒有長盛不衰的產品，為什麼會出現這樣的結果呢？原因是企業的產品一旦創出了名聲，企業就會把當初創業的艱辛忘得一乾二淨，他們的思想也很快發生轉變，不再思考怎麼增加企業的效益，保證產品的品質，滿足客戶需求，而是沉迷於自己取得的勝利之中。久而久之，產品的口碑變差，企業也因此陷入危險的境地。激烈的市場競爭就像逆水行舟，不進則退，一不留神就可能使企業產生危機，企業只有在發展中不斷超越自我，努力創新，才能在競爭中長盛不衰，創造輝煌的業績。

心理學家表示：我們每一個人都具有一定的創新能力，只是這種能力被壓抑或消滅掉了。為了將工作圓滿地完成，管理者就要任用有創意的人來工作，釋放每個員工的創新能力，這對管理者來說不太簡單，但是也並不太困難。在現實工作中，有很多員工認為自己並不具備創新的能力，他們認為創新只是極少數人特有的天賦；還有一些人自己具備一定的創新能力，但是由於自卑，害怕被別人笑話，不敢發表自己的意見。

創新是企業的生存之道，在一個企業中，員工的創新是企業創新的源泉。在一些企業中，管理者雖然提倡創新，但是在實際管理中，因為擔心員工的創新意識不夠，有意識無意識地打擊員工創新的積極性。在工作中，員工的創新是需要管理者精心培育的，有很多員工具備創新的能力，只要管理者給他們提供機會，他們就會在工作中不斷進取，積極創新，為公司的發展做出自己的貢獻。正是因為有了這些創新人才的新思想、新方法，公司才能走在時代和同行業的前沿。

日本索尼公司創始人井深大和盛田昭夫，從一開始經營就立志要把電子和工程的技術融合起來，應用在自己的產品上，引領世界電子產品新潮流。

一九四八年，井深大在日本廣播公司發現一台美式磁帶答錄機，當時這種答錄機在日本還不多見，井深大發現了它有很大的市場潛力，立即買下其專利權。他利用自己物理方面的專長，成功研製出日本第一台磁帶答錄機。這種答錄機比以前的答錄機更容易操作，它錄放音質好，磁帶的成本也比以前低了很多。這種新型答錄機有很好的性能，價格也很便宜，但是在新上市時並沒有馬上得到消費者的認可，讓盛田昭夫深深地陷入了沉思。

有一天盛田昭夫去一家古董店，發現一位客人出高價買下一個不起眼的舊罎子。於是他就展開了聯想，一個不起眼的舊罎子在一般人的眼裡毫無價值，但是在懂得古董的人看來卻是寶貝。由此他想到，向懂得產品價值的人推銷，產品才會有市場。於是盛田昭夫開始有針對性地進行推銷。當得知很多法院因為速記員人手不夠，不得不加班加點時，他馬上帶著他的答錄機進行上門推銷。法院很快就訂購了大量的答錄機。

在將答錄機向法院推銷成功之後，他又把目標轉向了學校，當時由於駐日美軍的控制，對日本學生進行英語教育，但是因為英語教師很少，急需要這種答錄機。於是他帶著他的答錄機來到了學校，向學校展示了他的產品。人們看到這個長相奇特的答錄機很是驚訝，但是當這個答錄機將人們的談話一一錄下，並進行重播時，人們都瞪大了眼睛。但是當時他們的答錄機重80磅，這麼笨重的答錄機對學校來說很不實用。新的問題又出現了，為了將答錄機向學校進行大量推廣，就要在答錄機的重量方面進行改進。

為了儘快將答錄機進行改進，盛田昭夫把公司的工程師聚集到一起，經過十天的研究，終於研究出一種減輕重量的方法，又在之後九個月的時間裡，生產出一種手提箱大小的手提式答錄機，價格只有原來的一半。盛田昭夫拿著他的新產品在各個學校進行推廣，向學校的老師、同學們演示使用答錄機的方法，展示答錄機的優越性。在他的遊說下，在一年半的時間內，就有兩萬多所學校購買了他的答錄機。從此以後，銀行、學校、電臺等機構紛紛購買他的答錄機，人人都想要一台那樣的答錄機，答錄機的風暴席捲了整個日本，銷路一下子打開了。

一九五二年，美國研製出一種神秘物質——電晶體。井深大眼光非常敏銳，聽說後立即坐飛機到美國，對電晶體進行考察，爭取在第一時間內獲得電晶體的詳細資料。他果斷採取行動，花2.5萬美元買下電晶體的專利權。回到日本後，他立即組織技術攻關小組對電晶體進行研究，在他的帶領下，終於研製成功了世界上第一台袖珍式晶體管收音機。

索尼的發展之路在於不斷學習、不斷創新，時刻走在別人前面。緊跟時代發展，做別人沒有的東西，於是有了世界上第一台袖珍式答錄機、第一台微型電視機、第一台微型放像機等，才有了「索尼產品永遠是最新的」這一美譽。

創新是對未知事物的嘗試，與創新相伴而來的就是風險，沒有任何風險的創新就算不上是創新。對於每一個不滿足於現狀的企業來說，鼓勵創新，就象徵著企業將創新融入企業的日常管理當中。企業在應用「巴菲特定律」要注意以下幾點：

一、鼓勵員工創新

外界環境是不斷變化的，因此企業的戰略及決策也要發生相應的變化。如果企業不將這些變化資訊及時傳達給每一個員工，那麼員工就會在工作中按部就班，工作效率絲毫沒有提高；公司也會因此很快被別的公司超越，面臨倒閉的危險。員工的創新是企業創新的源泉，一個企業要想生存，就要鼓勵員工在工作中不斷創新，提高自己，完善自己。一個員工的創新不斷得到發揮，離不開公司鼓勵創新的決策，正是這些決策，給員工提供了一個展現自己的舞臺，員工在舞臺上盡情發揮，樂此不疲。在變化多端的市場中，創新使公司經受住各種考驗；員工不斷成長、不斷創新，引領企業走向一個全新的時代。

二、給員工創新的機會

雖然員工一直都在公司工作，對自己所在的崗位情況很熟悉，但是對企業的經營戰略和規劃就不是很瞭解了，一個對企業戰略及規劃不十分瞭解的員工，怎麼能夠為企業提出創新的建議呢？要想讓員工多創新，就要讓員工對企業的文化、方針、管理方式有更深的瞭解。管理者在制定公司規劃的時候，讓員工也參與進來，多聽取員工的意見和建議，既保證公司決策的正確性，又給員工提供了創新的機會。企業還可以定期舉行員工大會，在大會上將公司的近況告訴員工，並將公司做出的發展計畫通告給各部門，組織員工對其進行討論，提出意見和建議，並在今後的工作中努力創新，為企業的發展做出自己應有的貢獻。

三、實事求是對待員工的創新

在實際工作過程中，有很多員工提出的創新型建議是不符合實際的，不光員工這樣，管理者也是這樣，他們的創新想法很多時候也是不切合實際的，即使這樣，管理者還是要多鼓勵員工創新，因為剩下的很少的那部分創新火花，足以讓企業充滿活力，不斷發展下去。當員工提出一個創新性建議的時候，如果管理者意識到將這個建議變為事實，公司付出的成本和利益不成正比，管理者首先應該肯定這個員工的創新行為，然後再委婉地說明自己對這條建議的真實想法，鼓勵員工從另一個方面考慮問題，使員工意識到公司是鼓勵創新的，並會在今後的工作中繼續努力，不斷創新。

四、獎勵員工的創新

公司不僅要支持員工的創新，對於提出好的創新意見，為公司帶來良好效益的員工要適當進行獎勵。公司可以設立創新獎，鼓勵員工多創新；還可以組織一些討論活動，讓員工各抒己見，對工作提出好的改進方案；也可以在公司內設立意見箱，員工對工作的任何意見和建議都可以得到重視，及時採納員工好的意見和建議，解決員工在工作中遇到的各種麻煩，促進員工在工作中進行創新。員工除了在自己的工作範圍內創新外，還可以跨越工作領域，在別的領域進行不斷創新。員工對其他領域提出的創新型建議，因為思考問題的角度不同，可能會給公司帶來意想不到的收穫。

卡貝定律：該放棄的時候，一定要放棄

「卡貝定律」是由美國電話電報公司前總裁卡貝提出的，該定律告訴我們，放棄有時候比爭取更有意義，與其爭取一些與目標無關的東西，被太多的東西拖累，還不如選擇放棄，輕鬆上陣，為自己贏得更大的發展。在沒有學會放棄之前，你很難理解什麼是爭取。

現實生活中，人們經常把目光盯在自己沒有的東西上，毫不理會這些東西對我們有沒有用。越是得不到的東西人們就越想要，不管再困難，也要拼命將東西拿到手；東西到手後，人們才發現東西沒有自己想像的那麼好。人們花費了大量的時間與精力去爭取一些沒用的東西，給自己平添很多包袱，讓人看不清目標，得不到自己真正想要的東西。

無論是個人還是企業，都要學會放棄。基於公司的經營、銷售、投資、利潤等多種狀況，公司很難做出放棄的抉擇。就像在印度的熱帶森林裡，人們經常用這樣

的方法捕捉猴子，他們在一個固定的木盒裡裝上堅果，然後在盒子上開一個小洞。這個洞剛好能伸進猴子的前爪，猴子抓住堅果後，爪子就出不來了。但它就是不放開手裡的堅果，

於是被人們捉住了。猴子因為不懂得放棄手裡的堅果，被人們捉住，失去了自由。對於一個企業來說，就不光是失去自由那麼簡單，很有可能使企業面臨倒閉的危險。企業對自己無關緊要的東西抓得越緊，越會失去更多的東西；與其去爭取一些微薄的利益，還不如仔細考慮怎麼能在風雲變幻的市場中生存下來。

放棄不屬於你的東西，你會發現，你不僅擁有了以前得不到的東西，而且擁有的東西比以前爭取過的東西還要多。對於管理者來說放棄需要很大的勇氣和魄力，只有勇敢地放棄一些東西，才有可能得到更多的東西。

雖然失去了一棵樹，但是卻得到了整片森林。沒有一個企業能夠心甘情願地放棄公司的美好前景，但也正是放棄一些東西，公司才能在今後的發展中獲得更大的成功。公司都是在放棄，得到，再放棄，再得到的過程中不斷發展的。因此，公司應將可持續發展作為公司的終極目標。

日本鐘錶企業精工舍，成立於一八八一年，是一個著名的大企業，它生產的石英表在世界各地暢銷，企業手錶的銷售量穩居世界第一。精工社取得的這樣卓越的成就，取決於公司第三任總裁服部正次的放棄戰略。

一九四五年，服部正次擔任精工舍第三任總裁。當時日本由於戰爭破壞，各方面都很蕭條。精工舍也深受戰爭影響，公司發展遲緩。而素有「鐘錶王國」之稱的瑞士沒有受到「二戰」影響，瑞士手錶一下佔據了鐘錶行業的市場，這對精工舍來說是一個生死攸關的考驗。服部正次沒有被眼前的形勢嚇倒，他冷靜思考，想出了「不著急，不停步」的發展戰略，從品質方面入手，加緊了追趕鐘錶王國的腳步。十年過去了，服部正次帶領員工取得了很大的進步，但還是不能與瑞士鐘錶相抗衡，品質始終無法趕上瑞士的標準。當時瑞士每年生產各類鐘錶一億隻左右，暢銷於一百五十多個國家，市場的佔有率達到50％～80％。瑞士手錶仍是達官貴人、富豪等人高貴的象徵。

是繼續在鐘錶的品質上趕超瑞士鐘錶，還是從其他的途徑超越瑞士鐘錶，在精工舍內部出現了分歧。服部正次經過慎重的考慮，做出了一個這樣的決定：放棄在機械表上與瑞士抗衡，注重新產品的研製。因為要想在品質上超越瑞士鐘錶，根本是不可能的。經過幾年的不懈努力，服部正次帶領他的員工與技術人員研製出一種新產品——石英電子錶。同時在鐘錶的準確性方面石英表顯示出強大的優勢，鐘錶之王勞力士的月誤差在100秒左右，但是石英表的月誤差連15秒都不到。

一九七〇年，石英電子錶進入市場，立刻引起了鐘錶界的轟動。到20世紀70年代後期，精工舍的銷售量就躍居到了世界第一。一九八〇年，精工舍吞併了瑞士製作高級鐘錶的珍妮·拉薩爾公司。不久，一種以鑽石、黃金為主要材料的豪華「精工·拉薩爾」表被研製出來，剛投入市場，立即得到了消費者的認可，成為新一代高品質、高品質的象徵。正是因為精工舍公司的放棄戰略，讓公司在發展中獲得卓越的成就。

放棄是一種有進有退，以退為進的戰略智慧，學會了放棄，你就學會了爭取。管理者應善於甩掉影響企業成功的包袱，將企業的生存發展作為企業的最終目標。不能進行理性的放棄會導致失敗，不斷進行理性的放棄才能獲得持久的成功。企業在實際管理中應用「卡貝定律」，應注意以下幾個方面：

一、放棄錯誤的

對於一個企業來說，創新包括三個方面：第一，形成新的戰略思想，並且實用性強；第二，適時地進行戰略調整；第三，由於市場變化，實行戰略轉移。其中協力廠商面要求管理者實施戰略轉移，在戰略轉移之前，管理者應放棄原有的戰略，尋找新的工作戰略。放棄一些與實際工作相違背的專案、工作內容，可以輕鬆為公司減壓，甩開不必要的麻煩；更能增強公司的競爭實力，讓公司在市場中站穩腳跟，獲得長久的發展。放棄錯誤的決策，放棄錯誤的專案，放棄錯誤的規劃，都是對企業的一種很好的發展。

二、放棄不合適的

在開放的市場中，競爭到處都是，哪裡有市場哪裡就有競爭。企業要想在市場競爭中取勝，必須提高自身素質，增強實力，勇於通過市場的優勝劣汰法則，將企業中的劣質項目、夕陽專案捨棄，保證企業中優勢項目、朝陽項目的不斷發展。在企業發展的過程中，必然存在不合時宜的專案，面對這些項目，企業管理者必須下定決心將這些項目清除，這樣的項目越多，越不利於公司的長遠發展。

三、放棄不相關的

為了公司的長久發展，需要我們不斷放棄對公司發展不利的制度，公司的發展就是一個不斷創新的過程，只有不斷放棄不合適的制度，更好地發揮新的制度，才能使公司不斷得到完善，在市場競爭中打敗對手。企業在發展的過程中存在很多與公司發展無關的部門、項目，還有一些前任總裁留下來的工作企劃，管理者接手一個企業後，要先清除一些對公司發展沒用的項目，省去不必要的開支。

四、放棄小利的誘惑

在現實生活中，人要抵住各種誘惑，面對商場的打折商品，有用的沒用的都毫不猶豫地買回家，這樣不僅不能為自己省錢，還增加了自己的開銷。對於企業來說，也是同樣的道理，在公司的發展過程中經常面臨利益的誘惑，面對這一情況，很多管理者選擇了利益，結果對公司的長期發展產生了不好的影響，甚至導致公司破產。為了公司的長期發展，管理者應該捨棄短期的利潤，以公司的大局發展為前提去創造新思維。

哈默定律：世上沒有壞買賣

「哈默定律」是由美國著名企業家、西方石油公司董事長猶太人阿曼德・哈默提出的，該定律告訴我們創新是企業獲得利潤的根本出路，只有創新經營，企業才能賺取更高的利潤。

在變化多端的市場中，企業喜歡「一窩蜂」，擠「獨木橋」，看到別人賣什麼自己就賣什麼，發現哪個行業賺錢了，趕緊對那個行業進行投資，跟風現象特別嚴重，這樣不僅不會取得好的收益，還有可能使企業陷入危機。市場中蘊涵著無數次的機會與挑戰，只有具有創新精神並且具備一定創新能力的管理者，才能及時發現這些機會，並通過企業創造性的經營方式牢牢抓住這些機會，在激烈的市場競爭中技高一籌，贏得勝利。

一個企業要想在競爭中不斷創新，就不能走老套的路子。有很多企業成功後，在各大媒體大肆宣揚企業文化、管理模式、經營理念等為公司做宣傳，增加企業知名度。但是，如果企業想通過複製別人成功的方法，來提高公司效益，增加公司的知名度，是很不現實的，也是行不通的。實際管理中，如果完全複製別人的成功方法，企業會因此陷入一種危機，企業與企業之間是有文化差異的，不可能一種成功的方法適用於所有的企業。一個成功的方法只能對應一個成功的企業，成功是不可以複製的。

企業要發展，是離不開創新的，企業只有在創新中不斷成長，才能使企業在日益激烈的競爭中獲得更高的利益。創新是每個人都具備的一種能力，只不過有的人這方面的能力多一點，產生的奇思妙想多，為企業增加的效益也多；有的人這方面的能力弱一些，但是並不妨礙其工作表現，只要在工作中踏踏實實，總能發現對工作有用的好點子。管理者就是要根據員工為公司提出的好建議，對公司進行改進，使員工的創新在工作中不斷得到體現。這樣就會形成一個良性迴圈：員工對公司提出建議，管理者對公司進行改進，員工再提出意見，公司再改進。這一迴圈促進公司新陳代謝，不斷捨棄舊的，產生新的，公司就這樣一步一步成長起來，公司不斷發展壯大，並在市場中佔有較大份額。

19世紀中期，美國加州發現金礦，這一消息的傳來，讓很多人都蠢蠢欲動，他們都想在這千載難逢的機會中一展身手，於是他們紛紛趕往加州。

17歲的農夫亞默爾也在這個時候搭上了這班車，加入了這支淘金的隊伍。在很短的時間內，美國加州到處都是淘金子的人，他們從世界各地趕來，來圓自己發財的夢。隨著淘金人數的增加，金子也越來越不容易淘，並且由於長途跋涉，讓很多人在淘金的過程中疲憊不堪；加州地區氣候乾燥，水源極其缺乏，由於水土不服，再加上缺水，有很多淘金者不但沒有淘到金子，反而在淘金的過程中葬送了性命。

亞默爾和大多數人一樣，經過長途跋涉來到加州，由於加州水資源貧乏，經常遭受饑渴的折磨。每次取水都要走很遠的路，經歷一番艱辛，取水過程不亞於淘金的艱難。越來越多的人對缺水產生了怨氣，他們不斷抱怨著這個沒有水的地方，於是加緊淘金，想儘早離開這個地方。一天，亞默爾望著自己身上水壺中一口都捨不得喝的水，想想自己每次取水的艱辛，他想出了一個賺錢的好方法。他想淘金的人那麼多，即使有金子也都被別人淘走了，自己還不如賣水呢，這樣既可以保證自己有水喝，還能賺到不少錢呢。

於是，由於這份新思維，亞默爾毅然決然地放棄了尋找金礦，用自己攜帶的淘金工具，到遠方去取水。他將渾濁的河水引入水池，在水池中加入細沙以便過濾，並將過濾好的水裝進桶中，將水送到每個淘金者的身邊。

在賣水的過程中，亞默爾經常受到其他淘金者的嘲笑，他們嘲笑亞默爾沒有遠大理想，千里迢迢來到加州，不想方設法挖金子，卻幹起了賣水的小買賣。這種賣水的生意在哪裡都可以做，偏偏跑到這個環境惡劣的地方來做。面對身邊的嘲笑和譏諷，亞默爾沒有動搖，繼續賣他的水。事實證明亞默爾的決策是對的，在很短的時間內，他就通過賣水賺了六千美元，這在當時是一筆不小的財富。當其他的淘金者沒有淘到金子，空手而歸的時候，亞默爾已經積累了不少財富。

企業的任何經營觀念都是暫時的，沒有任何一種經營觀念能長期適應企業的發展，因此企業應鼓勵員工進行創新。在實際管理的過程中，應該要去好好應用「哈默定律」：

一、激勵員工創新

企業的創新來源於員工的創新，一個管理者就算整天在辦公室裡思考，也想不出什麼創新的好點子，員工的創新對一個企業的發展會產生深遠的影響。對於員工的創新，管理者應該大力支持，每個人對創新都有一定的局限性，只有發揮每個員工的聰明才智，將所有員工的意見和建議融合到一起，形成一個對公司有利的方案，才能使企業在變化多端的市場中站穩腳跟，長久地發展下去。企業不僅要鼓勵員工進行創新，還要營造創新型人才成長的工作環境，充分發揮員工的智慧，為企業做出貢獻。

二、讓員工參與公司決策

很多企業會面臨這樣的難題，有時候企業在特殊時期推行一些措施，雖然方法可行，但是在實施的過程中總是受阻，出現這樣或那樣的問題。企業在進行新政策推廣時沒有聽取員工的意見，員工對新政策也不是十分瞭解，導致工作過程中新政策實施不下去。即使員工支持新政策，也不知道該怎麼做。讓員工參與公司決策，就很好地解決了這一難題，公司既可以搜集不同部門的意見和建議，也能使員工在工作過程中更好地配合新政策的實施。企業不是管理者的企業，也是員工的企業，給員工營造家的感覺，就能最大限度地發揮員工的積極性，使公司效益增加，帶領公司走上一個新臺階。

三、關注市場動向

對於風雲變幻的市場，不時刻關注是萬萬不行的，企業要在市場中打敗競爭對手，只有掌握大量市場訊息，不斷創新。隨著社會的不斷發展，各個企業也應適當增加自己前進的步伐，緊跟時代潮流。在行進的過程中，企業必須不斷關注市場，對企業的發展戰略做出調整，才能不失時機，使企業不斷發展壯大。

酒與污水定律：對待「害群之馬」絕不手軟

「將酒倒進一桶污水中，得到的是一桶污水；將污水倒進酒中，得到的還是污水」。這就是管理學中的「酒與污水定律」。

在一桶污水中倒入再多的酒，也改變不了污水的性質，而只要向一桶酒中倒入一勺污水，就足以毀掉一桶美酒。顯然，決定桶中裝的是酒還是污水的關鍵，不在於酒與污水的比例是多少，而在於其中有沒有污水。

「酒與污水定律」用生動形象的比喻告訴管理者這樣一個用人道理，一個精明能幹的員工進入到一個混亂的組織中可能會被吞沒，而一個行為惡劣的員工卻能毀掉一個良好的團隊。

每個企業都是由人組成的，這種集體關係的維繫是企業發展的關鍵。如果企業組織中員工與員工之間、員工與管理者之間關係和諧，企業就能維持穩定，集中力量進行產值提高，與對手競爭。反之，如果企業內部關係不和諧，整個組織如同一把散沙，那麼即使競爭者不出手，這樣的企業組織也很難維繫，終究會失敗。

「污水」一旦滲透到企業中，對企業組織帶來的傷害是巨大的。企業內部會很快被腐蝕，變得不堪一擊，失去競爭力而被對手輕易地擊垮。酒與污水定律為管理者敲響了警鐘，若是不想讓企業被「害群之馬」帶偏了道路，管理者就一定要找到「害群之馬」並將其清除。

如果管理者能夠及時清除企業中的「害群之馬」，淘汰掉問題員工，那麼剩下的就都是可以為企業發展做出積極貢獻的合格員工。這樣可以集中企業中的優勢力量，利於企業人才運作，使企業在與競爭對手的人才大戰中占得先機，實力增強，效益提高，從而取得更大發展。

「污水」的真正可怕之處不僅在於它的破壞性，而在於它驚人的傳染力。一個員工的不良行為對企業所造成的破壞力只在於其本職工作的那一部分，而一旦這種不良習氣被其他員工所效仿，並迅速「傳染」給更多員工，企業很快就會出現第二個、第三個，乃至更多的問題員工，這對企業的發展是貽害無窮的。

20世紀70年代，日本商界傳出了一個令人震驚的消息，伊藤洋貨行的董事長伊藤正式宣佈解雇經營奇才岸信一雄。

此消息一經傳出，幾乎所有的矛頭都指向了伊藤，人們紛紛為岸信一雄打抱不平，指責伊藤過河拆橋，看見企業效益提高，岸信一雄失去利用價值，就將其「一腳踢開」。

為什麼人們會如此一致地對伊藤持批評態度，而力挺岸信一雄呢？這要先從伊藤洋貨行所經營的食品部門說起。曾經的伊藤洋貨行是以衣料買賣起家的，其後來所經營的食品部門，由於缺乏管理經驗，實力在同行業中處於較弱水準。為了扭轉食品部門的不利形勢，伊藤「三顧茅廬」從三井企業旗下的「東食公司」挖來岸信一雄。岸信一雄進入伊藤洋貨行後，憑藉著其豐富經驗和卓越能力，為伊藤洋貨行的食品部門帶來了巨大轉機。十年時間將伊藤洋貨行的業績提高了數十倍，為伊藤洋貨行的食品部門開啟了一片蓬勃的新景象……為伊藤洋貨行做出巨大貢獻的岸信一雄竟然被開除，難怪人們會眾口一詞地指責伊藤。

然而，對於自己的「過河拆橋」行為，伊藤也有自己的解釋。對於輿論的攻擊，伊藤曾經反駁說：「紀律和秩序是我企業的生命，不守紀律的人一定要處以重罰，即使會因此而影響戰鬥力也在所不惜。」原來，在最初將岸信一雄挖來伊藤洋貨行時，伊藤與岸信一雄的管理理念就存在很大的差異，岸信一雄非常看重企業的對外開拓，交際費用支出較多，對手下的員工也多採取放任自流的態度，這和伊藤注重員工管理，以嚴密企業組織為企業基礎的管理方式剛好截然相反。

隨著時間的累積，企業的發展，伊藤與岸信一雄管理模式上的衝突越來越明顯。伊藤無法認同岸信一雄與自己企業經營模式背道而馳的管理方式，一再要求岸信一雄調整管理方法。然而，岸信一雄對伊藤的管理方式根本不加理會，他極度自我，凡事只按自己的想法去做。看到伊藤洋貨行在自己的管理下業績有所提高，岸信一雄甚至明目張膽地說：「一切都這麼好，說明這路線沒錯，我為什麼還要改？」

隨著業績越來越好，岸信一雄居功自傲，已經到了不可一世的地步。企業制定的規章制度他一概不遵守，伊藤提出的企業改革辦法，他都持敵對態度。對於一些認真做事的老員工，岸信一雄不僅不予以肯定，反而嘲笑他們就是再努力十年也不會成功。在岸信一雄的影響下，很多員工都失去了工作的熱情，消極應付工作，工作效率呈直線下降。

岸信一雄不肯改正自己的管理方式，導致其與伊藤管理理念上的分歧越來越嚴重。終於，伊藤實在看不下去岸信一雄的做法，為了保全自己辛苦建立的企業體系，給其他辛勤工作的下屬一個交代，伊藤決定解雇岸信一雄。

解雇岸信一雄，的確給伊藤洋貨行造成了一部分損失。但從長遠角度看，伊藤雖然失去了岸信一雄這一員「大將」，卻換回了公司制度的權威性，以及其他員工工作的積極性，避免了企業組織陷入混亂，這可以稱得上是一筆「合算」的買賣。

管理者在用人管理中運用「酒與污水定律」時，要做到以下幾個方面：

一、知人「善免」

對於陋習明顯的問題員工，管理者可以很容易地將其找出，並採取相應措施。但對於一些問題隱藏得比較深，但的確已經影響到企業發展的員工，管理者往往很難將其與合格員工進行區分。「酒與污水定律」要求管理者不僅要知人善任，更要知人「善免」，將那些問題員工及時地淘汰掉，從而打造出一個由良好員工組成的卓越企業團隊。

二、該出手時就出手

對於一些問題員工，管理者很容易心生「再看看吧，過一段時間也許他能改變」的想法，而不忍心將其解雇。管理者給犯錯員工改正機會，推行人性化管理的做法是值得肯定的，但管理者必須懂得，企業不是講人情的地方，對於一些不符合企業工作要求的問題員工，如果任其在企業中發展的話，很可能會對企業產生不良影響，甚至造成重大損失。因此，對於一些明顯不適合本企業管理模式的問題員工，管理者需要有「該出手時就出手」的魄力，果斷處置。

三、避免正面衝突

面對「辭退」、「解雇」這類敏感問題時，如果管理者與問題員工之間持有不同看法，就很容易發生衝突。一旦發生這種情況，管理者採取遊刃有餘的方式表達自己的觀點，避免針鋒相對的正面衝突，以免對自己造成傷害，並在企業中造成不良影響。即使是解雇問題員工，管理者一樣還是要充分考慮、照顧到問題員工的自尊。在解雇問題員工時，管理者要巧用方法，避免直接不留情面地指出員工缺點，這不僅會對問題員工的人格造成傷害，對管理者自身在企業中的形象也會產生不良影響。為了彼此的立場，應採取「好聚好散」的對策。

四、事後總結，處理「後事」

同企業中的合作夥伴離開，無疑會對其他員工產生一定影響，因此管理者在解雇問題員工後，一定要採取合理、適當的措施處理「後事」。管理者最好選擇恰當的機會，向留下的員工說明一下解雇問題員工的原因，使員工理解管理者的處理做法。同時對員工產生一定的警示作用，使員工注意規範自己的行為，糾正以往容易被忽視的錯誤。

特雷默定律：企業中沒有無用的人才

「特雷默定律」是由美國管理學家E・特雷默提出的，該定律可用一句話簡單地表述為「企業中沒有無用的人才！」之所以會出現企業中沒有人才的現象，關鍵在於管理者沒有做到知人善任，使每位員工人盡其才、才盡其用。

人才對於企業的重要性是毋庸置疑的，每個企業都需要相關領域的人才作為企業管理和發展的「領頭羊」。管理者大多深諳此道，也都具有求才若渴之心，但企業中還是會出現「朝中無才」的現象。人才真的如埋在土中的珍寶那樣難以尋覓嗎？當然不是，企業中沒有人才的原因——就在於管理者不善用人，沒有「用人之長」的才能。

農民種莊稼時，會結合土地的特點「因地制宜」，如果不考慮土地因素，在適合種小麥的地方培育竹筍的話，那勢必會一無所獲。企業管理也是一樣，企業就好比是土地，而人才就好比種子。如果管理者只是看重人才這粒種子，而不管企業這片土地是否利於種子生長，就將其種下的話，那只會導致人才被埋沒，企業資源被白白浪費。

管理者在對待人才的問題上，常常是只要認定了對方是人才，就將企業中所有的重點、關鍵工作都一股腦兒地交給其處理。而對於那些業績平平、表現不盡如人意的員工，通常只是交給他們一些「無關痛癢」的小工作，只求其能完成即可，不抱有太大期待。這樣做會導致的直接後果為：那些「人才」不是不堪重負，就是在接觸到其所不擅長領域的工作後，決策失誤導致企業承受重大損失；那些「平庸」員工，最終不是一直成績毫無起色，工作態度日益消極，就是難以忍受長期被忽略，跳槽到其他企業中大展拳腳，造成原來企業的人才流失。

出現上述兩種情況的原因，是由於管理者「由人到事」處理問題的思維定式所導致的。「特雷默定律」提醒管理者——「沒有無用的員工，只有不會安排工作的管理者」。每位員工都可以稱得上是人才，有些員工之所以一直表現不佳，業績平平，不是該員工能力水準有限，而是管理者沒有將其安置在合適崗位上。

現代社會企業與企業之間的激烈競爭，更像是一場人才大戰，企業佔據了大量的優勢人才資源，就可以在商戰中占儘先機，競爭力增強，立於不敗之地。

人才放錯了地方就會變為「無用」員工，同時還會造成企業人力資源的浪費。管理者運用特雷默定律，為每項工作安排最適合的員工，將每位員工安排到其所擅長的領域中去。可以使每位「無用」員工都變為精英，從而充分利用企業人力資源，避免企業資源浪費。

索尼公司每週出版一次的內部報刊上，都會有一個專門的版面用來刊登「求人廣告」，每位元在職員工都可以根據求人廣告上的招聘要求，前去應聘。另外，這種應聘是自由無限制且秘密進行的，員工可以根據自己的能力自由應聘任何職務，而不受上司的限制。

企業對員工進行重新招聘？這聽起來似乎有悖常理，但實際上它是由索尼創始人盛田昭夫推出的一種新形式的管理理念——內部招聘。

盛田昭夫認為，實行內部招聘，可以避免一個員工在一個崗位上待的時間過長，使員工的工作環境處於經常變化之中，激發員工不斷進行工作技能的改善與更新。更重要的是，實行內部招聘可以使員工找到真正適合自己的職位，企業內部工作找到可用之人，做到人盡其才。

在企業的一般管理模式中，一個員工在擔任某部門的職位後，想要改變工作性質，從事本企業中其他部門的工作是一件非常困難的事情。除非另外應聘一家企業，否則很多員工想要改變工作性質的唯一途徑只有努力工作，直到工作成績被上司認可，上司覺得有必要為該員工安排一份更適合的工作才能實現，而這種情況發生在此類員工身上的概率是少之又少的。當員工在自己不擅長的領域進行工作，對自己本職工作感到失望時，他們會明顯感到能力受壓制，這無論是對員工自身還是對企業人力資源都是一種損失。

正是為避免這樣的情況發生，盛田昭夫在索尼公司推出了一套與眾不同的用人制度，提出了适才任用、內部招聘的管理辦法。索尼公司為員工提供了非常多的工作機會，每位員工都可以主動尋找並從事自己喜歡的工作。盛田昭夫曾經對一位對自己工作不滿意的員工說：「如果對自己現在所做的工作不滿意，你為什麼不去找一個能讓你滿意、感到輕鬆愉快的工作呢？在索尼公司你絕對有權利這樣做。」

就是通過這種為工作挑選人才的管理方式，索尼公司的員工們積極尋求最適合自己能力發展的工作，工作熱情被充分調動，工作潛力被最大挖掘。對於索尼公司來說，企業中的每項工作都找到了可用之人，且都是進行該工作的最佳人選，既提高了效益，又避免了用人不善而導致公司蒙受損失，可稱得上是皆大歡喜的用人方式。

管理者怎樣才能合理地使用「特雷默定律」，以達到自己的目的呢！

一、善於發現員工優點

再優秀的員工也不是「十項全能」的超人，不可能任何一項工作都能勝任，管理者要放棄尋找「各方面都好的人才」的觀點，而將眼光放在那些看似無所作為，實則是沒有機會發揮能力的員工身上。只要管理者善於發現員工的優點，重視員工能夠做好什麼工作，而不是重視其不能做好什麼工作。回避員工缺點而以其優點來選用，那麼每位員工就都可以成為人才。

二、要「知人」更要「善任」

特雷默定律要求管理者做到「知人善任」，這短短四個字包含兩方面的內容，即「知人」和「善任」。「知人」是建立在管理者對於員工的觀察以及兩者的溝通基礎上的。而「善任」是建立在「知人」基礎上的。當一位員工不能擔任某項工作時，管理者應該考慮，該員工不稱職的原因是否是由於工作安排不合適，然後再根據員工的特長進行相關工作的安排。使員工由「不稱職」變為「稱職」。

三、因事用人

每位人才都有其擅長和不擅長的領域，如果管理者因人設事，很可能使「人才」遇到其不擅長的工作而無法勝任。管理者要做到因事用人，以完成工作任務為重心，挑選最為合適的員工而不是最為優秀的人才。

艾奇布恩定理：企業並非做得越大越好

「艾奇布恩定理」的提出者是英國史蒂芬・約瑟劇院的導演亞倫・艾奇布恩，他指出，如果你遇見自己公司的員工而不認得，或忘記了他的名字，那你的公司就太大了點。艾奇布恩定理告誡管理者，攤子一旦鋪得過大，就很難照顧周全。

增加企業規模，把企業「蛋糕」做大，這幾乎是每個管理者的追求目標。但企業攤子真的越大越好嗎？俗語說船大不好掉頭，企業攤子過大，往往會造成企業決策的靈活性降低，甚至是喪失，最終導致企業這條「大船」不僅無法在海上馳騁，反而還會沉沒海底。

管理中，小企業的管理模式有「小船」的好處，遭遇風浪時，小船可以比大船更加輕鬆地調整方向，面對淺水時，小船沒有大船的沉重，可以適時地放慢速度向前行駛。企業的「蛋糕」做得越大，保質問題就越困難，一旦蛋糕變質，企業遭遇的將是無可挽回的巨大損失。當然，艾奇布恩定理並不是要管理者們放棄追求將企業做大的目標，而是強調，管理者要走出「大企業」管理的誤區，在企業內部實行小企業的經營模式。

雙手在握成拳頭的時候是最有力的，只有集中企業實力，向一個重點方向用盡全力，才有可能達到目標。如果想要抓住的太多，張開雙手出力，管理者做出的決策顧此失彼，沒有集中的出力點，會導致企業在每行都有參與，卻在每行的位置都不上不下，最終被對手淘汰。管理者一旦犯了「張開雙手一把抓」的錯誤，只片面看重企業規模的擴大，側重於手下擁有多少產業，涉及多少部門的話，必然會使企業大而不實，經受不起一點打擊，被一些突發危機輕易地擊倒。

企業攤子的過度膨脹不僅表現在其涉足的產業上，還會表現在企業的人員機構上。正如亞倫・艾奇布恩所說，有一天，管理者看見同企業的員工而不認識，那企業的攤子確實是鋪得有點大了。企業規模的增大勢必會導致管理組織的調整，人員需求增加也無可厚非。但企業如果聘用太多的管理人員，設置較多無用的管理機構，造成企業結構臃腫，組織煩瑣，必然會影響企業組織的靈活性，阻礙到企業的發展。

企業經營以贏利為目標，實現利潤的最大化是每個管理者的追求。利潤的增加與成本降低成反比，成本降了，利潤自然上升，管理組織煩瑣，整體機構臃腫，會直接增加企業的運營成本。優秀管理者往往是企業的節支高手，可以通過縝密的分析，為企業節省各種多餘的生產花費。然而，管理者常會犯不將人力資源算做生產成本中的錯誤，一味地擴充管理人員、管理機構，極大地增加企業生產投入花費，而無形中造成利潤的流失。「人多力量大」的口號未必能在管理上適用，管理者忽略企業發展規模與人員數量及組織機構之間的平衡維持，盲目擴大企業攤子的做法，最終只會損害到企業利益。

吉納・法考夫的零售生涯是從他父親的皮箱店生意開始的。創業初，由於反對父親傳統的以單位利潤最大價格出售商品的經營理念，堅持自己單位銷售量的利潤降低，會隨著銷售量的擴大，而賺取最大利潤的觀點，法考夫開始自己獨立創業。他在曼哈頓開了一個鋪子，起名為E・J・柯維持，利用薄利多銷增加利潤收入的經營理念，他以接近成本的低廉價錢出售商品，取得了一定收益後，又擴大經營，出售鋼筆、照相器材等商品。由於價格便宜，人們紛紛來到法考夫的店裡消費，前來購買商品的顧客排起了長龍。法考夫意識到，按

照這種運作方式，每年可以賺取的利潤將相當可觀。一九五一年年底，他在韋斯特賈斯特又開了一家分店，此後，法考夫的生意越做越大，一九五三年，柯維特公司的銷售額高達九百七十萬美元，一九六二—六六年，柯維特公司的銷售額整整翻了兩倍。在四年時間裡，法考夫又開了15家分店，其經營規模擴大了三倍之多。法考夫以其獨特的管理理念，薄利多銷的經營理念，使柯維特公司在十年的時間裡，銷售額從五千五百萬美元上升到7.5億美元，賺取了巨大的利潤。

法考夫取得了極大的成功，柯維特公司實力不斷上升，以平均每七周就開一家新店的速度，成了美國零售業史上發展最快的公司之一。然而，攤子越來越大的柯維特公司最後還是難以逃脫破產倒閉的命運。

為達到擴張市場的目的，法考夫採取了不斷開設分店的策略。當柯維特公司的分店覆蓋範圍，只在紐約市附近時，各個分店和總公司之間可以取得較為密切的聯繫。但隨著柯維特公司越做越大，分店開到芝加哥、聖路易斯、底特律等地時，分店與總公司之間的聯繫越來越難以維繫，總公司無法對紐約市場以外的分店進行及時的監督管理。同時，由於芝加哥等地的同行競爭者，對柯維特公司採取了排擠對策，最終加劇了柯維特公司競爭實力的不斷受損。

為了使柯維特公司經營行業更廣，獲取更大的利潤，法考夫制定了涉足服裝產業的策略。然而，由出售如洗衣機、廚具、電視機等硬性商品，轉為經營服裝的做法，不僅沒有產生利潤，還給柯維特公司帶來了巨大的麻煩。由於消費者對服裝季節、樣式的要求，使得服裝存在其他硬性商品所沒有的特殊性，柯維特公司經營的服裝推出後，銷售量極低，成批的滯銷品難以賣出，造成了大量資金和貨物的積壓。

法考夫堅持以店面越多商品出售成本就會因為規模效應而減少，即薄利多銷的觀點作為經營理念。一九六三年，由於接二連三管理決策上的失誤，柯維特公司實力受到了極大的創傷。在出現重大財務問題的情況下，柯維特公司仍然急速擴張，由於運輸、存貨等方面的問題，傢俱經營部門出現危機。一九六四年，由於貨物運輸問題，柯維特公司損失了一張價值二百萬美元的訂貨單，致使公司實力、聲譽方面都受到惡劣影響，一年時間裡，柯維特公司損失資金超過二百六十六萬美元。柯維特公司的傢俱部門是法考夫向克靈公司租賃的，法考夫決定採用買下克靈公司，並購聯邦地毯公司的策略，挽救公司瀕臨破產的局面。但合併決策沒有給柯維特公司帶來轉機，公司獲取的利潤額仍然持續下降。

一九六五年的後六個月裡，柯維特公司銷售量比前年同期增長了10%，利潤卻減少了近三百萬美元。接下來，柯維特公司出現了更為嚴重的財政赤字，股票由同年最高時期的50.5美元降到了13美元。一九六六年，迫於形勢，法考夫將柯維特公司與比它小很多的斯巴達公司合併，法考夫也宣佈退出管理部門。此後，柯維特公司繼續虧損，一九八〇年，為償還巨額債務，公司進行逐步清算，到了一九八一年，最後的12家分店也被迫拍賣。

在實際管理過程中，避免企業出現攤子越來越大而無法顧全的情況發生，運用「艾奇布恩定理」時，管理者需要做好以下兩個方面：

一、避免管理組織過於臃腫

企業組織機構臃腫，管理人員過多，會導致企業的運營成本增加，決策執行受阻。管理者要注意調整企業內部管理結構，避免出現管理人員過度飽和的現象。設置可有可無的中間部門，或其作用可以被其他部門代替的管理機構，要及時清除。與企業整體運作無法協調，工作效率低，甚至影響到企業成本的落後部門，要及時清除或整頓。人員明顯過多影響到組織效率的企業，通過裁減冗員的方式，減少企業中辦事無效率，明顯不稱職者。

二、企業業務調整

企業涉及部門行業多，可以分擔單一行業的經營壓力，降低風險。但管理者如果對企業經營業務瞭解程度較少，沒有建立完善、正確的管理觀念，很可能會制定出錯誤決策，為企業造成無法彌補的損失。管理者要調整企業經營業務，放棄自己所「力不能及」的行業部門，以相對集中的運作能力，投入到擅長的行業之中。

第二章

職場啟示：有些規則你必須明白

職場如同江湖，有江湖的地方必然存在著紛爭。對於職場上的紛爭，每一位上班族都逃不過避不開。那麼，如何巧妙保全自己呢？我們必須要懂得一些職場規則，只有這樣才能夠生存下來。

布利斯定律：計畫使工作高效推進

古語云：「磨刀不誤砍柴工。」「兵馬未動糧草先行。」這兩句話告訴我們，在做一件事情之前，如果對事情有一個完善的計畫，做好充足的準備，往往能夠很好地促進事情的完成。人們不也經常說，不打無準備之仗嗎？這就是要我們重視事前的準備，有了準備，計畫實施的時候才能提綱挈領，我們才知道每一步都應該做些什麼，下一步應該怎樣銜接，整個過程自然也就成竹在胸了。

關於準備的重要性，可以從這一心理實驗中看出來：

心理學家找來了一些身體素質和心理素質相當的學生，然後將他們分成三組，這三組學生都執行相同的任務，即投籃訓練。第一組學生首先記錄下第一天訓練時的投籃成績，然後在接下來的19天內，每天都進行投籃技巧練習，然後將最後一天的投籃成績記錄下來。第二組學生則是在第一天訓練的時候把成績記錄下來，接下來的19天內，只是每天在想像中進行投籃練習，如果「想像中的籃球」沒有命中，他們也只是在想像中進行糾正，然後同樣也把最後一天實際投籃的成績記錄下來。第三組學生作為對照組，只是在實驗的第一天和最後一天分別進行投籃，並且記錄成績，其間並沒有做任何想像中或實際上的投籃練習。實驗結果出來之後，所有人都感到驚訝：第三組學生和我們預料的一樣，沒有任何進步，投籃的命中率沒有提高；第一組學生也如我們想像，命中率提高了24％左右；而僅僅是通過「想像」練習投籃的第二組學生，其最後一天投籃命中率的提高程度居然超過了第一組，達到了26％。

這說明，我們在做一件事情之前，如果心裡對整件事情不斷地思考、強化，對最後的成功還是很有幫助的。行動前進行頭腦熱身，想清楚要做的事的每個細節，將思路梳理清楚，然後把它深深銘刻在腦海中，在之後的行動中就會得心應手。

這個實驗的結論後來被美國行為科學家艾得・布利斯借鑒，並且由此總結出了著名的「布利斯定律」。它告訴我們：如果用較多的時間為一項工作或一件事情進行事前計畫，那麼在實際實施的時候，我們所用的工作總時間就會減少。

詹姆斯來公司將近兩年時間了，工作非常辛苦，幾乎每天的任務都需要加班來完成，公司的同事什麼時候見到他都感覺他非常忙碌，可是每到月底考核的時候，詹姆斯幾乎都是最差的一個。一天晚上，他又加班到很晚，老闆回辦公室取東西發現了他。

詹姆斯本想老闆看到自己加班可能會表揚自己，沒想到老闆瞪了他一眼，說：「你怎麼搞的，怎麼每天晚上都要整到這麼晚？難道你工作就沒有一點計劃性嗎？效率這麼低，簡直就是浪費公司的水電費。」說完，老闆轉身離去。

第二天，老闆針對公司員工做事效率不高，在辦公室門口貼了一封《告員工書》。具體內容如下：我公司提倡工作高效率，不提倡員工加班，希望所有員工每天都能夠把工作有計劃地去完成，並做如下規定：（1）從今日起，公司規定的任務，員工必須做出合理的計畫在規定的時間內完成，如果沒有特殊情況，員工一律不許加班。（2）員工如果有特殊情況需要加班，需要提前向部門經理報告。

詹姆斯看到這個《告員工書》很是想不通，辛辛苦苦在辦公室加班，結果不但沒得到表揚反而受到老闆責罵……

可能很多人都會有跟詹姆斯一樣的想法，對這位老闆的做法很不理解。大家不妨反過來想一下，一個人如果不能有計劃地完成自己的工作，解決的辦法就只能是加班。其實，在很多老闆的眼裡，愛加班的員工並不是他們所需要的員工，老闆真正需要的員工是能夠在工作時間內把工作做完的員工，是一個做事有計劃的員工。要知道現在競爭這麼激烈，沒有人願意雇用一個辦事效率低下的笨人。

一個優秀的員工有了目標以後，會為實現目標做周密、詳細的計畫。他會把工作按著主次、輕重區分開來，然後先做什麼、後做什麼、中間環節出現問題怎麼應對，都做到心中有數；而一個平庸的員工則不管三七二十一，眉毛鬍子一把抓，結果是工作效率低下，什麼都完成不了。

所以，在工作中，要想讓自己的工作高效推進，就一定要養成一個制訂計畫的好習慣，讓計畫使你的工作高效推進。

結伴效應：讓你不自覺提高工作效率的原因

「結伴效應」是指在結伴活動中，兩個人或幾個人結伴從事相同的一項活動時相互之間會產生刺激作用，個體會感到某種社會比較的壓力，提高活動效率。

孩子散漫地在房間裡走來走去，當聽到家長進門的聲音，就會立刻打開書本正經地讀起課本來。當你在處理某件事情的時候，有個人，甚至是陌生人走過來，你都會想表現得更好，把事情做得更加漂亮。這是人們心理上的淺層的表現欲望。

如果這個時候把另外一個孩子放到散漫的孩子身邊做作業，那麼散漫的孩子會感覺到壓力，從而不自覺地提高做作業的效率。同樣的道理，如果走到自己身邊的陌生人居然想做跟自己一樣的事情，那麼自己就會因為不想輸給對方而拼命提高效率。這就是心理學上的「結伴效應」。

當一個人單獨從事一件事情的時候，他會感覺到輕鬆和自在，甚至產生散漫的心理；但是當有夥伴出現的時候，他就會感覺到緊張和壓力，並下意識地產生競爭

意識，希望能贏過對方。

在以效率著稱的德國企業裡有一個非常特殊的傳統，那就是除了總裁，沒有一個職位是只有一個人的。他們會設置總經理和副總經理，部門主管和副主管，並將這些相鄰職位的人放置在相鄰或者是相對的辦公室裡，並且這些辦公室如果不是敞開式的辦公室，就一定是透明的玻璃辦公室。

這些企業通過利用透明的、可視的辦公室，來讓人們陷入被圍觀和結伴的環境裡，並不自覺地提高工作效率。此外，在相鄰辦公室或者對面辦公室裡工作的人，還會因為彼此的存在而產生結伴效應。

當然，在下游的生產線裡，德國的企業還會以兩個人或者是三個人為單位來組成工作小組。其他國家對德國企業的這一做法表示不認同。舉個例子，監查機械資料表這類工作原本只需要一個員工就可以了，可是德國的企業卻仍堅持使用兩個人同時來從事這項工作。這被其他國家的經濟學家認為是浪費經濟資源的行為。

直到20世紀初，德國被評為工業事故最低的國家時，人們才漸漸開始理解德國企業的做法。因為當兩個人結伴監查機械資料表的時候，人會因為夥伴的在場而感覺到被監視的壓力，從而提高自己的工作品質和工作效率。因此，兩個人監查機械資料表，比一個人看守更能及時發現錯誤。

更有趣的是日本企業的做法，他們為了節省用人成本，又想製造出神奇的結伴效應，會將企業總裁的大幅照片或者是人形公仔放在單獨操作的員工身邊。這個做法在一定的時間內取得了顯著的效果。

不少員工都表示，當總裁的巨幅照片懸掛或放置在身後或是面前的時候，都會感覺到總裁嚴肅的眼神像是在監督自己一樣，從而不敢懈怠下來。同樣的情形，人形公仔也能讓他們產生結伴的錯覺，從而保持高度集中的精神狀態。

不過有趣的是，當這些員工適應了總裁的照片或者是人形公仔的時候，還是會不自覺地降低自己的效率。當企業換上同步監控儀器的時候，人們也只會在最初保持高度緊張的狀態。當產生了懈怠情緒後，人們就會漠視監控儀器的存在。因此，日本心理學家認為結伴效應只有在人存在的環境裡才能產生，因為人是多元化的、有競爭意識的個體，能刺激旁人，並做出相應的反應。

當然，如果結伴效應遇上異性效應，那麼效果會更加強烈。俗話說，男女搭配，幹活不累，就是因為在結伴效應的基礎上加上了異性效應，使人處於一種既緊張又積極的情緒之中。

當男女同事在一起工作的時候，男士因為想要承擔更多的責任而提高工作效率；而女性則會因為好強，潛意識裡跟男性暗暗較勁兒，從而不自覺地提高工作效率。當然，這個時候「較勁兒」會被男女雙方誤認為是一種情趣，他們在競爭的同時，也感受到彼此不同於自己性別上的性格差異，並感受到一種源自於男女之間的吸引。如果他們工作的時間足夠長，也許還會產生日久生情的效果。這也是為什麼很多只有男性的部門裡，員工會強烈地希望能出現幾位女同事的原因。因為異性效應能讓人們心情愉悅，不自覺地提高工作效率卻不感覺到疲憊。當然，心理學家也認為，這種效應在男性身上表現得更加強烈和明顯。

熱爐效應：上司的面子，員工傷不起

俗話說：「端別人的飯碗，就得受別人的管。」員工從上司那裡得到薪水，上司從員工身上獲得尊重，這是一筆很合理的「交易」。那麼，收起你的不恰當的言行吧！不要隨便挑戰上司的權威，讓他盡可能地享受做老闆的優越感吧！

每一個企業都有自己的規章制度，任何員工觸犯制度都要受到相應的處罰。就像觸摸熱爐一樣，只要你摸了它，你就會得到相應的懲罰，這就是「熱爐效應」。

在職場中，任何人都得明確一點，那就是不要挑戰上司的權威，更不要傷害上司的面子。上司處於領導地位，所以有樹立自己的權威和形象的心理需求，尤其是在下屬面前。有些員工不懂得迎合上司的這種微妙心理，無意之中搶了上司的「鋒芒」，結果自己是露臉了，上司的臉色卻難看了。

在工作中，不管你與老闆的關係多麼親密，也不要隨便逾越與老闆之間的界線。該老闆決策的事情一定要讓老闆拍板，而你所做的只是給他提建議或者執行他

的命令，絕對不是大包大攬地應承下來，觸犯老闆的權威。就算老闆不在身邊，事情又微不足道，你完全能夠處理，並知道老闆也會這樣做，也不要輕舉妄動。你該做的是及時向老闆請示，得到老闆的授權後再處理。只有這樣，你才能在老闆面前留下正面的印象。

隨時給上司面子，維護上司的尊嚴和權威，以便能贏得上司的信任和青睞，這才是一名下屬該做的事情。千萬不要試圖去挑戰上司的權威。換位思考一下，如果你是老闆，你會喜歡一個不尊重你、不請示你，甚至和你頂嘴的員工嗎？

任何一個上司都不喜歡一個不合群、不尊重自己，讓自己丟面子的下屬。就算你的工作能力很強，也不例外。那麼如何照顧上司的面子呢？

一、要在平時瞭解你的上司的工作習慣、工作方式

正所謂「知彼知己，百戰不殆」，職場如戰場，瞭解上司的工作習慣和工作方式，這樣你才能更好地達到上司的要求，工作起來才能更加地遊刃有餘，才可以成為上司的得力幹將。

想要做到這一點不難，但是要記著，自己是下屬，以建議的口吻最好，因為要

照顧上司的面子。即使上司的決策有誤，作為一個普通的員工能否與上司一爭高下？我們無從回答，但是有一點需要每一個員工記得：與上司有不同意見的時候，千萬不能馬上講事實擺道理，這樣就違反了職場中的潛規則。

二、不要在背後詆毀上司

有些人對上司不滿，雖不敢當面發洩，卻在背後說三道四，有意詆毀上司的名譽，殊不知世上沒有不透風的牆，早晚會被上司知道。得罪上司不比得罪朋友、同事，因為在某些時候上司對你的職位有生殺予奪的權力，也許只需上司動一根毫毛，你便小鞋不斷，甚至職位不保，因此我們對此不能不小心謹慎地避免。

三、與上司保持適當距離

任何一個上司都希望和下級之間保持一種良好的、和諧的關係。但決不允許超越他們之間上下級的關係，也就是說，他必須要保持自己特有的尊嚴和威信。

與上司搞好關係應該掌握好「度」，不能與上司太親密，否則會對你不利。與上司交往，最妥當的方法是走中間道路：既不要轟轟烈烈，也不要默默無聞。讓上司感覺到你的存在，但不要讓他覺得你無處不在。

四、在別人面前，一定要注意給上司留有面子

如果在公開場合，上司的自尊受到傷害，這是最傷人感情的，它觸動了人最為敏感的地帶，挫傷了「人之所以為之」的信條。於是，人們不禁對他個人的能力乃至人格產生了懷疑。因此，無論是誰，身處此境，最先的反應肯定是怒火中燒，而不是理智地對意見內容進行合理的分析。那麼，此後的一系列舉動肯定都是很情緒化的。所以，下級在公共場合給上級提意見時，一定要注意給上級留有面子。

當然，我們提倡公開場合提意見要注意領導的面子，並不是鼓勵下屬「見風使舵」，做「老好人」。我們是非常贊成對領導多提具有建設性的寶貴意見的。但提意見要注意場合、分寸，要講究方式、方法。不要為了顯示自己一時的嘴上功夫，而使得自己終身被埋沒，默默無聞固然對於某些人來說是上上之選，但也要默默無聞得有價值。因此，為了自己將來的發展，一定要切記，上司的面子傷不得。

雷斯托夫效應：角落裡變成「焦點」

「雷斯托夫效應」是由德國心理學家馮・雷斯托夫提出，是指如果一系列刺激專案中的某一項有特別之處或被「隔開」，它就比不被隔開的內容易識記。如53、13、PEx、18、57、59、35、82、84、45這一組刺激項目中的「PEx」就比其他項目更容易被記住。

為了檢驗這個觀點，雷斯托夫還進行了一個小測驗。

這個小測驗是這樣的：在以下的幾個國家和城市中，請一一記錄下你剛一看到這個國家或城市的名字時，你的腦子裡首先閃現出來的建築圖像。

下面是國家、城市名稱：（1）埃及；（2）印度；（3）法國巴黎；（4）義大利羅馬；（5）希臘雅典；（6）英國倫敦；（7）澳大利亞雪梨。

可以選擇的建築顯然有數百萬個，然而，馮・雷斯托夫則預言，100個人當中就會有99個人給出同樣的答案。

事實正是如此。我們來看看做這個測驗的大部分人給出的答案：（1）埃及金字塔；（2）印度泰姬陵；（3）巴黎艾菲爾鐵塔；（4）羅馬圓形競技場；（5）雅典帕提農神廟；（6）倫敦大笨鐘；（7）雪梨歌劇院。

為什麼會出現這樣的結果呢？關鍵在於被隔離的專案是醒目的，它很少與其他專案發生泛化作用。就拿巴黎的艾菲爾鐵塔來說吧，世界上就僅此一個，你能找到與它相同的建築嗎？不能吧。因此，這種被凸顯出來的建築物，當然就很容易讓人記住了。

在現實生活中，我們常常會聽到這樣的話：

你還記得那個暑假我們登阿里山看日出的情境嗎？那場面簡直是美極了！

那個閃電般的進球，是不是你所見過的最奇妙的進球？

中學時的那次夏令營是我一生中最難忘的時光，我一輩子都不會忘記。

學生時代，為了能夠讓學生便於識記、理解，老師總是把重點、難點以及需要學生重視之處「隔離」或特別處理，在板書中加圈、畫線或者用不同的色彩呈現。

理解了這個重要的心理學效應，就有助於你洞悉我們的社會行為，因為我們通常都很自然地希望被自己的朋友、同事或其他人記住。尤其是在職場上，相信每一個員工，都希望自己能被上司注意到。

那麼，該怎麼做呢？最好的方法是——在聚會的時候坐在角落裡。換句話說，在一個房間內，如果你希望別人高估你的價值，期望獲得高於對手的優勢地位，你可以選擇待在房間的角落而不是正中間。

這樣做是有道理的，根據「雷斯托夫效應」，在參加聚會時，你不是坐在房間中央，而是一個人靜靜地坐在角落，比起那些在房屋中央晃來晃去、不停地忙著招呼這個或那個的同事，你會顯得孤立，也很特別。這就好比那些黑色字母中的紅色字母，總是那麼醒目，讓人感覺與眾不同而記憶深刻。

也許你會說：「我只是一名普通的職員，工作位置通常都是相關人士安排的，哪能我自己選擇。」話雖不錯，但是你想想看，除了上班之外，別的時候，諸如公司的例行會議，特別會議或各種各樣的聚會等，上司是不會規定職員的座次的。在這些時候，你不就可以隨心所欲選擇座位了嗎？

因此，假如有一天，你的公司舉行宴會，在大廳中央的餐桌上放著食品，你千萬不要坐在房間的中央，或者是在餐桌的四周晃來晃去。最明智的做法是拿著食物，找一個讓你感到舒適、安靜的角落靜靜地待著。

你不用擔心這個角落會讓你默默無聞，也不用擔心你的上司會因此看不到你。事實上，你會看到，那些平素不怎麼注意你的上司已經開始關注你了。

此外，利用「雷斯托夫效應」吸引領導的關注，還有一個很好的方法，那就是：巧妙利用客戶之口，傳達你的優秀。

在上司面前，大多數人都不知道如何向上司表達自己的優秀，於是就有很多人採取了這樣的方式：對上司大談特談自己在工作中如何努力，取得了如何的成績等等。效果如何呢？自然是偷雞不成蝕把米，讓上司感覺你是個自吹自擂、浮躁的人。可通過客戶之口傳達自己的優秀就不同了，從客戶嘴裡說出來的話，上司一般都是相當重視的。而且，這種方式也更能凸顯自己的與眾不同，讓上司記憶深刻。

獵鹿效應：合作才能雙贏

混跡職場多年的人都有這樣的體會：剛到一個新的工作環境，我們會感到所有的人都對自己很好，大家一團和氣，然而時間久了就會發現，看似平靜的辦公室裡卻暗波洶湧，大家各自心裡都在較著勁，打著自己的小算盤，將其他人看成是自己的「對手」。非要爭個你死我活，看看到底誰才是贏家。

特定的環境中，很容易形成一種對立的關係。因為人們已經習慣於用競爭來獲取自己的利益，實現自己的價值。這種單打獨鬥的「個人英雄主義」其實非常危險。一旦陷入這種局限，就很難找到自我發展和突破的出口。

每個人擁有自己的長處，同時也有欠缺的地方。對峙的雙方能夠打破僵局，放下身段，採取合作的姿態，才是最好的生存之道。這裡面包含著博弈心理學中的一個重要的效應——「獵鹿效應」。

啟蒙思想家盧梭在其著作——《論人類不平等的起源和基礎》中，闡述了這樣一個故事：一個村莊中住著兩個獵人，他們都靠上山打獵維持生計。山上的主要獵物是鹿和兔子。照常規來說，他們每天單獨行動，能獵獲四隻兔子。但是如果他們採取合作狩獵的模式，那他們每天就可以共同捕獲一頭鹿。很明顯，合作的好處是遠遠大於單獨行動，單獨行動時最好的結果無非是各自的努力都有預期的回報。單純從解決食物問題的角度考慮，單獨行動一天的收穫是四隻兔子，可以供一個人吃四天；而合作的話，收穫是一頭鹿，兩個獵人平分一頭鹿，那可供每人吃十天。對於這兩個獵人，他們的行為決策，從博弈論的角度分析，就形成這樣的一個模式：

1. 分頭行動捕兔子，那麼結果是得到的食物每人可以吃四天；
2. 如果合作獵鹿，那麼得到的食物，每人可以吃十天；
3. 一個去抓兔子，另一個去打鹿，那前者收益則為四，而後者將無收穫。

顯然，一起「獵鹿」的好處比單獨「獵兔」的好處要大得多。所以，合作——才是一種令資源最大化、利益最大化的模式。權衡利弊，兩人自然會不約而同地選擇一起「獵鹿」。

任何人想要取得一定的發展和成功，就要明白合作的重要性。對於任何人或者是任何企業來說，無論是在哪一方面有專長，或者已經取得了某些成就，僅憑個人的力量想要到達成功的頂峰是非常困難的。

合作不僅可以避免失敗，減少過多的損失，更重要的是能達到雙贏的局面。但是，想要獲得雙贏，就要知道怎樣的合作才能達到這種狀態。在合作的時候既要保持合作的態度，還要遵循合作的原則，懂得合作，更善於合作，才能在合作中走向成功。

小閻和小趙是一家家具公司的同事。小閻閱歷豐富善於觀察顧客，並又很能和顧客聊到一起；而小趙則對商品十分熟悉還具有很專業的家居搭配知識。這兩個人同時進入公司，並被銷售主管認為是最有潛力的兩個員工。

經過一段時間的錘煉，小閻和小趙都能夠獨當一面。但是小閻在專業知識上始終不夠熟練，因此而丟了一些本該屬於自己的客戶；而小趙為人雖然誠懇，做事也很細緻，但性格上太過「粗枝大葉」，要在顧客判斷、待人接物上面得到很大提升也不是一時半會兒能做到的。但是由於他們倆業績相當，總是被放在一起進行比較，無形中就成了對立的關係，小閻覺得小趙死腦子，小趙則覺得小閻太圓滑了，沒有真本事。就這樣，他們形成了一種對峙的局面。

銷售經理瞭解到這種情況後，建議他們多瞭解對方，在銷售的過程中放棄單打獨鬥，採取截長補短的合作模式。比如，當對方接待顧客的時候，就主動過去幫忙，彌補對方的不足；針對不同性格的客戶，兩人可以商定讓誰上場，並且事後一起總結成功的經驗，分析失敗的教訓。小閻覺得要合作的話，自己必須拿大部分的酬勞，因為他認為自己口才比小趙好，付出得多。然而，這樣的條件讓小趙無法接受，於是他們之間的合作就這樣泡湯了。

合作雙方有能力高低之分。「獵鹿效應」中的兩個獵人，如果能力並不是相當的，那麼能力強、貢獻大的那個獵人，自然就會要求得到較大份的獵物，否則兩人合作就不成立。只外，能力弱的一方也會要求大於單獨行動時的收穫，否則沒有合作的必要。很多時候，兩個個體的合作無法建立其實就是源於對自己利益的期待過高，損害了對方的利益導致的。

天花板現象：為什麼女高層總是那麼少

這是職場裡一個非常典型的現象：職位越高，女性所占的比例越低。近年來美國官方連續五年的統計資料顯示，女性佔據管理層職位的人數約是管理層總人數的17%，且近年來呈現穩定狀態，沒有較大的升幅。美國《華爾街日報》為這個現象開闢了專欄進行討論，並將女性在高級管理層裡受到的無形障礙稱為天花板現象。

這種現象的產生不是因為女性的能力問題或者經驗不夠，而是當女性晉升到一定職位時，人們的心理就會產生一層無形的障礙，使之不能晉升到更高的位置上。

這種現象的產生主要源自於人們對女性的認知。在傳統印象裡，人們對男性的認知是強大的、冷靜的、有能力的、適合上陣殺敵的，而對女性的認知則是柔弱的、善良的、適合處理家務的。因此，當女性的職位上升到一定程度的時候，人們潛在的固有認知就會影響人們的想法，對升職的女性產生不客觀的評價。這個認知心理就是人們心裡的無形障礙。

那麼，當女性成功地超越這層障礙獲得管理層的職位，人們又會怎麼想呢？這是一個非常有趣的現象。當女性靠自己的實力晉升到高級管理職位時，約有65%的男性和68%的女性認為該升職對象不是靠自己的實力獲得職位。換句話說，當女性獲得高級職位的時候，人們潛意識裡的「傳統認知」又會跑出來搗亂，使人們對該女性產生誤解，諸如靠女色上位、靠背景上位，等等。而令人奇怪的是，持有這樣誤解的女性比例高於男性的比例。

當然，在明星圈裡也是一樣的道理。這層天花板常常會懸掛在女明星的頭上，所以歷年來國際電影節上的終身成就獎的獲獎得主中男性遠遠多於女性。當女明星獲得巨額片酬、購買直升機、購置海外物業的時候，多數會傳出負面的緋聞。因為人們「相信」她之所以能獲得這樣的成就，憑藉的是不正當手段。

有時候，這層天花板障礙是女性自己加諸在自己身上的。多數女性升職前都會陷入猶豫不決的狀態，她們會在心裡想：我如果接受了這個職位，就一定不能照顧好家庭；升職後，我的職位和工資高於我的丈夫，那麼我的丈夫肯定會抬不起頭，覺得自尊心受傷。

事實上，從客觀角度上來說，事業上的成果未必會影響女性對家庭的投入，丈夫也未必會介意自己的職位和工資低於妻子。《紐約時報》就曾對此做過相關的統計，結果表明85%以上的女性認為當男性職位和薪資低於女性的時候，男性會感覺到自尊心受損；而僅有40%左右的男性認為妻子的職位和收入高於自己，有可能會使自己的自尊心受損。換句話說，女性潛意識裡更介意自身職位和薪資高於丈夫。

這些心理認知就是女性給自己設置的無形障礙。當她們即將獲得晉升機會，這些猶豫和想法就會跳出來阻礙她們，從而使她們與晉升機會失之交臂。也正是這些無形的、自我限定的障礙導致女性能力發揮到一定程度，就不能再創造出更大的價值。因為當人們給自己設定一個無形的障礙或者一個「值」，那麼人們就很難超越它了。

在比賽障礙跨欄的選手中，賽前常給自己預設了「跨欄值」的選手，都很難有廣闊的進步空間。相反地，那些從來不知道自己究竟能跨多高障礙欄的選手，常常成為業界的「黑馬」。

曾經有一個教練對跨欄選手做過一項測試。他讓30名自認為只能跨到120公分障礙欄的選手站到距離障礙欄三百公尺以外的紅線等待指令。首先，他將障礙欄設置在120公分的高度，並對選手們說這是130公分的高度。結果，這些曾成功跨過120公分障礙欄的選手只有兩個人成功地跨過了120公分高度的障礙欄。第二天，這位教練將障礙欄的高度調到130公分的高度，並對這些選手說這是120公分的高度。結果，30名選手中有24人成功地跨過了130公分高度的障礙欄。

這就是「限制值」對人們的影響。也就是說，當你覺得你的能力到達某個程度的時候，你永遠都不會超過這個程度。相反，如果你不給自己的能力設置一個限定的值，那麼你的能力將無止境地發揮下去，沒有盡頭。

費斯諾定理：少一些夸夸其談，多一些踏實行動

費斯諾，曾任英國聯合航空公司總裁。他根據工作實踐總結出一條有趣的規則：「人有兩隻耳朵卻只有一張嘴巴，這意味著人應多聽少講。」後來人們把類似的現象稱為「費斯諾定理」——言下之意都是要少說話，多做事。

從前有一個王國，其周邊有一些小的城邦，每年各城邦都會派使者向這個王國進貢。其中有一個城邦的小王儲對這個國王的能力和才華產生了懷疑，於是他派自己的使者向國王進貢了三個外表看上去一模一樣的金人，並且向國王提出了一個問題：三個金人哪個最有價值？這個問題看上去是討教，實際上是在刺探國王的才能，以便決定下一步是否叛亂，脫離該國的統治。國王看著這三個外表、做工都毫無差別的小金人，著實犯了難。

這時幕下有一名年邁的長老悄悄地給了國王一個暗示。國王心領神會，拿

出三根稻草分別放進三個金人的耳朵裡，只見稻草插進第一個金人的耳朵，馬上就從另外一個耳朵出來了，稻草插進第二個金人的耳朵之後從嘴巴裡掉了出來，而稻草插進第三個金人的耳朵後便掉到了肚子裡，沒有出來。國王對使者說，這第三個金人最有價值，因為它不會亂說話，更不會想一些亂七八糟的事兒，只會老老實實做自己應該做的事情。這是在暗示這些小的城邦不要有非分之想。使者默默地回到了自己的城邦，從此那個小王儲不敢再有非分之想了。

如果平時留意周圍的人和事，不難發現，那些老早宣稱要拿冠軍的人往往不是最終的奪魁者，電視裡那些意氣風發的人，對著話筒信心滿滿地向全世界宣告自己的五年目標、十年目標，可是到頭來又有幾樁實現了？

這些現象當然也受到心理學家們的關注。在美國紐約大學心理學教授彼得•高爾維繹等人設計的一個心理學實驗中，參加者都是想成為心理學家的學生，他們要在紙上寫下為了實現目標而馬上要採取的具體行動，然後交給科研人員。之後，一半學生被告知「已閱」，另一半學生則被告知「你給錯人了，沒有人會看的」。一周後，觀察者發現，前一半學生花在具體行動上的時間明顯比後一半學生多。美國德克薩斯州大學著名的認知心理學家阿特·馬克曼對此的結論很是精闢：如果你通過行動來告訴別人你的目標，你的行動力就會比較強。

你確實有必要為行動制定目標，一個人具有目標意識是非常重要的，沒有目標的人只能無聊地重複著自己平庸的生活，但是目標並不是非得要講出來。心理學教授彼得·高爾維擇甚至認為，公開宣稱自己目標的人，反而不容易成功。

那麼，對於一個組織而不是個體而言，費斯諾定理能否生效呢？

曾經有人做過一個實驗：

將公司裡一個部門的員工分為兩組，兩組分別完成一個相同的項目方案。對其中一組要求在會議進行時輪流發言，當組員發言的時候，別的組員只能注意傾聽，並做些記錄，不能打斷別人的發言。另一組則採用集體討論自由辯論的方式進行，不管誰有什麼意見或者異議，都可以馬上提出來，可以打斷別人的發言。

結果，第一組在一個小時內交出了基本的框架性提案，高效而簡單，組員能夠達成一致；第二組爭論了兩個多小時還是不能得到最後的方案，雖然其中有些有新意的創意和計畫，但是組員們彼此意見不統一，誰也不能說服誰，難以達成一致。

這個實驗可以充分證明，在執行集體任務時，如果大家注意傾聽，少說話多做實事，就能更有效地完成任務；如果只顧各抒己見，不注意傾聽的話，就會導致效率低下。

此外，少說多做除了對自己的行為效果產生影響，也影響著別人的感受。如果不值得傾聽，說得太多，就失去了傾聽的機會，也不能形成融洽的職場氛圍。

二五〇定律：每位顧客身後都有二百五十名新顧客

「二五〇定律」，由美國著名銷售員喬・吉拉德提出，指每位顧客身後，大約有二百五十名親朋好友。如果你贏得了一位顧客的好感，就意味著贏得了二百五十個人的好感；反之，如果你得罪了一名顧客，也就意味著得罪了二百五十名顧客。

這一定律有力地論證了「顧客就是上帝」的真諦。由此，我們可以得到如下啟示，我們必須認真對待身邊的每一個人，因為每一個人的身後都有一個相對穩定的、數量不小的群體。善待一個人，就是善待每一個顧客。

喬・吉拉德的「二五〇定律」對人們的銷售觀念有著革命性的影響，吉拉德本人更是在自己的銷售實踐中大力以身作則推行「二五〇定律」，結果他的顧客越來越多，生意越做越大。

每次銷售成功之後，喬・吉拉德會立即將顧客及其與購買汽車有關的一切資訊，全部記在卡片上。

第二天，他會給買過車子的顧客寄出一張感謝卡。當時，很多銷售員不會這樣做，所以顧客對感謝卡感到十分新奇，對喬・吉拉德印象特別深刻。

喬・吉拉德說：「我的吃穿住行全部依靠顧客，從某種方面而言，顧客是我的衣食父母，為此我每年要寄出一萬三千張明信片，表示對他們最為真切的感謝。」

為了能與顧客經常保持聯繫，他每個月都會向顧客寄一封信，信封的顏色、大小不同，都是由吉拉德精心設計而成。之所以自己親手設計信封，吉拉德說：「信封個性化，客戶才會拆開看，如果看起來太像宣傳品，客戶會直接扔進廢紙簍裡。」在信中，吉拉德會寫上一句醒目的話，諸如「我相信您，您是最棒的！」「感謝您對我的支持，是您讓我看到了希望！」「能為您服務，是我今生最大的榮幸！」等話語。

由於吉拉德手中有客戶詳細的檔案，每當節日或客戶生日，他都會給客戶寄上一張由自己設計的明信片，上面寫道：「×××先生／女士：節日快樂，祝您和您的親人平安健康！」「×××先生／女士：今天是您的生日，祝您生日快樂！」等。

正是通過商品售出後仍與顧客保持不斷的聯繫，喬・吉拉德的生意越做越大。

想要長久地保持住我們的銷售鏈條，不僅不能得罪任何一個顧客，而且還要向顧客提供優質的售後服務。一方面，這是為顧客著想的體現；另一方面，還能讓顧客感受到誠意，以吸引更多顧客的青睞。對於銷售人員來說，如果你得罪了一位顧客，也就得罪了另外二百五十位顧客；如果你趕走一位買主，就會失去另外二百五十位買主；只要你讓一位消費者難堪，就會有二百五十位消費者在背後使你為難；只要你不再喜歡一個人，就會有二百五十人討厭你。

犬獒效應：不要逃避競爭

獒是狗中之王，知道獒是怎麼產生的嗎？當年幼的藏犬長出牙齒並能撕咬時，主人就把它們放到一個沒有食物和水的封閉環境裡，讓這些幼犬相互撕咬，最後剩下一隻活著的犬，這隻犬稱為獒。據說十隻犬才能產生一隻獒。

這種競爭雖然殘酷，卻也促成了獒的強大，如果說流血和殺戮是顯而易見的刺激，能力退化、萎靡不振，則是潛在的危機。

道理很明白，但是這對於一些人來說卻很難接受。有的人喜歡平和的遊戲，和一群人共同站在起跑線上的時候，會四下張望，發現有人比自己高大，有人比自己強壯，於是還沒有開始跑，就已經底氣不足。這些人不喜歡有對手，他們接受不了自己想像中那種頭破血流的後果。

害怕競爭是一些人的典型特徵，當他們涉足一項新行業的時候，會祈禱上帝讓自己吃一口安樂飯，別讓後來者涉足；或者是對一項事業有興趣時，一看對手很多，馬上就偃旗息鼓，自動放棄了。

其實人和動物不一樣，並非所有的競爭都是你死我活式的。比斯高公司行政主管肯杜爾認為，在生意上遇到強勁、精明的競爭對手，是用錢都買不到的「好事」。在他看來，競爭是重燃鬥志、維持成功的真正力量。「有很多人苟且偷生，毫無競爭之志，最後終於白頭以終。對於這類人，我只感到悲哀。打從做生意以來，我一直很感激生意競爭對手。這些人有的比我強，有的比我差；但不論其行與不行，他們雖令我跑得更累，但也跑得更快。腳踏實地地競爭，最足以保障一個企業的生存。」

我們應當學會這樣看問題：對手是一股讓你認真檢討自己短處、催你上進的力量，從競爭中鍛煉出來的人，才能擁有抗壓抗摔能力。

邁克爾・喬丹是籃球場上最具創造力的人。他曾說過，他各種令人瞠目結舌如天外飛仙的奇特投籃方式，並非事先設計好的，而是被防守者逼出來的。因為，若要從包夾的人群中穿出來，還要閃過籃下七尺大漢凌空蓋下的巨掌，就要在一瞬間更快地多一個旋轉，多一秒在空中懸浮，更慢一點讓地心引力發揮作用，以及從一個更奇特的角度出手，這不是面對一個空蕩蕩無阻攔的籃筐所能做到的。

處於職業競爭中的員工也是同樣，如果你以一份沒有競爭壓力的「閑差」為滿足，自己的潛力就無法發揮出來。

輕鬆的環境看起來是不錯，工作又清閒，壓力又小，是個養人的好地方。但這種表面的平靜之下，其實隱藏著巨大的危機。員工們每天面對著自然狀態下的輕鬆工作環境，用不了多久，就會失去朝氣，陷入周而復始的古老生活狀態中，變成平凡而庸碌的一群人。即使中間還有有衝勁、有抱負的年輕的個體，時間一久也會被同化。這時候再想出來，已經跟不上外面的節奏了，只能被時代無情地摒棄。

只有面對對手時，我們才有危機感，才有競爭力。在對手的壓力作用之下，你不得不發憤圖強，不得不積極進取，不得不勇於創新，不然，你只能等著被淘汰、被吞併。

於是，在這種生存競爭中，你已經脫胎換骨，以後再有什麼人、什麼事想擊垮你，就沒有那麼容易了。其實，遇到競爭並不可怕，可怕的是你從來沒有對手，沒有壓力，等到某一天突遭變故，自己已經沒有了拯救自己的能力。

帕金森定律：時間是奢侈品，每一秒鐘都要珍惜

英國學者諾斯科特・帕金森，經過多年調查研究，發現一個人做一件事所耗費的時間差別如此之大：他可以在十分鐘內看完一份報紙，也可以看半天；一個忙人20分鐘可以寄出一疊明信片，但一個無所事事的老太太為了給遠方的外甥女寄張明信片，可以足足花一整天——找明信片一個鐘頭，尋眼鏡一個鐘頭，查位址半個鐘頭，寫問候的話一個鐘頭零一刻鐘……

帕金森的結論是：一份工作所需要的資源與工作本身並沒有太大的關係，一件事情被膨脹出來的重要性和複雜性，與完成這件事所花的時間成正比。一個人在工作中，如果安排不恰當，工作會自動地膨脹，占滿一個人所有可用的時間，如果時間充裕，他就會放慢工作節奏或是增添其他專案，以便用掉所有的時間。

一次，一位老闆和一個年輕人約定上午10點到他辦公室談話。事先，這位

年輕人曾經委託老闆替他介紹一份工作。因此，這天老闆預備在談話之後領他去見另一個人——那個人負責的公司正需要一個職員。

青年在10點20分到了老闆的辦公室，但此時老闆已趕赴另一個聚會去了。幾天以後，青年請求老闆重新會見。老闆問他為何上次不準時到來，青年回答：「我是在那天10點20分到的。」

老闆立刻提醒他：「但我是約你10點見！」

「是的，我知道，」青年支吾地回答，「但是只晚了20分鐘，我想應該沒有什麼大關係吧！」

「不！」老闆嚴肅地說，「能否準時，是大有關係的。你不能準時到達，所以失掉了你想要的工作。就在那天，那裡已經錄用了另一個職員。而且，年輕人，你沒有權利看輕我20分鐘的價值。在這段時間裡，我還要去趕赴另外兩個重要的約會呢！」

在那些珍惜時間的人眼裡，對時間的不尊重就是對生命的不尊重，是一種不可原諒的可恥行為。

時間，一個多麼誘人的字眼兒！貝爾在研製電話時，另一個叫格雷的人也在研究，兩人同時取得突破。但貝爾在專利局贏了——比格雷早了兩個鐘頭。當然，他們兩人當時是互相不知道對方的。而貝爾就因為這一百二十分鐘一舉成名、譽滿天下，同時也獲得了巨大財富。

誰快誰贏得機會，誰快誰贏得財富。有時，甚至相差只是0.1秒——毫釐之差，就成了天壤之別！在競技場上，冠軍與亞軍的區別，有時小到肉眼無法判斷。比如短跑，第一名與第二名有時相差僅0.001秒；又比如賽馬，第一匹馬與第二匹馬相差僅半個馬鼻子……但是，冠軍與亞軍所獲得的榮譽與財富卻相差甚遠。

幾乎每一個成功者，都是善於利用時間的楷模。許多偉大的科學家、發明家都十分惜時。他們在自己有限的一生中，充分利用上天賜予他們的時間，進行思考、探索、研究，而後把在時間之樹上結出的豐碩之果奉獻給人類。

人們研究發現，凡是事業有成者，都有一個成功的秘訣：變「閒暇」為「不閑」，即不貪逸趣，不慕清閒。愛因斯坦曾組織著名的「奧林比亞科學院」，每晚例會，他總是同與會者手捧茶杯，開懷暢飲，邊喝茶邊交流思想。而愛因斯坦的某些理想主張，不少科學創見，很多時候就產生於這段飲茶之餘的閒散時間裡。

只要把一些零零碎碎的時間積累起來加以利用，就能創造出豐碩的成果。古今中外，利用業餘時間做出突出成就的人，可謂難以勝數。有位科學家把自己的每一小時定為一千元，並專門用一個小本子，將自己浪費的時間記下來，再換算成經濟上的損失，以督促自己珍分惜秒，勤奮研究。事實證明，他一生所創造的價值，遠遠要高於每小時一千元。

有位專家說，在現代的人類事務活動中，構成的要素有二：（1）能力、（2）敏捷。而前者往往是後者的必然產物。這是因為，一個善於利用每分每秒的人，才有資格戴上一頂「能力」的桂冠。

「每錯過一分鐘時間，即是多給予『不幸』一分可乘之隙。」拿破崙曾這樣告誡他的將士。他說他之所以能擊敗奧地利的軍隊，就在於奧地利的軍人不懂得「五分鐘」的時間價值。

還有人十分精闢地指出：真正的時間只有三天——昨天、今天、明天。

昨天已經一去不復返，明天還遠未到來，所以只有今天最為寶貴。今天播下什麼種子，明天就將收穫什麼果實。要有好的明天，就得從今天做起。是的，就從今天，從此時、此刻做起。

還有一則故事，說的是大文學家歌德有一次看到他的小兒子在作文中寫下了這樣一句話：「一分鐘算不了什麼！」歌德感到非常生氣，於是在這句話的旁邊加了一段批語：「一個鐘頭有六十分鐘，一天就超過了一千分鐘。孩子啊，明白這個道理後，你才知道一個人一生究竟可以做多少貢獻。」

歌德的這段話，說的就是要善於利用零散時間的意思。但是在現實生活中，很多人不明白這個道理，不珍惜時間而任由它白白地流逝。

一個平凡的生命，即使他失去了財產、親人、朋友、地位、榮耀，他也仍然不是一無所有。因為，他還擁有時間。貝多芬說：「我們所擁有的東西沒有比光陰更貴重、更有價值的了。」時間，是上帝給予人最公平的饋贈。對於珍惜時間的生命來說，時間使他滴落在大地上的汗水變成了無價的珍珠；對於浪費時間的生命來說，時間使他拋棄的珍珠變成了臨終前追悔的淚水。

競爭優勢效應：發現和利用自身優勢

在現實社會中，人人都希望自己比別人強，沒有人願意承認自己是弱者。當涉及自身的利益時，人們必然會奮力爭取，就算兩敗俱傷也在所不惜；即便是在雙方擁有共同的利益時，人們也往往因為優先權而競爭，而非選擇有利於雙方的「雙贏合作」。心理學家稱這種現象為「競爭優勢效應」。

去過廟的人都知道：當你走進廟門的時候，首先看到的是彌勒佛，笑臉迎客，而在他的北面，則是黑口黑臉的韋陀。為什麼要這樣設置呢？

相傳，在很久很久以前，他們並非在同一個廟裡，而是分別管理不同的廟。彌勒佛熱情快樂，整天笑口常開，非常有喜氣，所以來的香客特別多，自然香火錢也非常多。但他不善於管理，什麼也不在乎，丟三落四，不能好好地管理賬務，所以依然入不敷出。而韋陀雖然管賬是一把好手，但成天板著個臉，太過於嚴肅，搞得香客越來越少，最後香火近乎斷絕。

佛祖在查香火的時候，發現了這個問題，為了把他們的優點都發揮出來，於是就將他們倆放在同一個廟裡，進行優勢互補：由彌勒佛負責公關，笑迎八方客，於是香火大旺。而韋陀鐵面無私，錙銖必較，則讓他負責財務，嚴格把關。在兩人的分工合作中，廟裡呈現出一派欣欣向榮的景象。

其實每個人都有優點，關鍵是學會發現，以及如何運用，正像佛祖一樣，因地制宜，因人所用，很多事情就會因此變得事半功倍。

小駱駝好奇地問媽媽：「媽媽，媽媽，為什麼我們的睫毛那麼長？」

駱駝媽媽說：「當風沙來的時候，長長的睫毛可以把它們擋住，讓我們在風沙中都能看得到方向。」

小駱駝又問：「媽媽，媽媽，為什麼我們的背那麼駝？好難看呀！」

駱駝媽媽說：「這個叫駝峰，可以幫我們儲存大量的水和養分，這樣，我們即使在沙漠中十幾天無水無食的條件下，也能存活下來。」

小駱駝又問：「媽媽，媽媽，為什麼我們的腳掌那麼厚？」

駱駝媽媽說：「那可以讓我們重重的身子不至於陷在軟軟的沙子裡，便於長途跋涉啊。」

小駱駝高興壞了：「哇，原來我們這麼有用啊。」

尺有所短，寸有所長。優勢往往隱藏在一個人的內心深處，需要挖掘，需要發現，才會體現出來，並為人所用。人一旦有了優勢，他的前程、事業或許就會所向披靡。所以，一個人要想在人生道路上取得突破性的發展，就必須發現自己的優勢，即提升自己的各種能力。

一、較強的文字和口頭表達能力

能寫會說是職場人員的最基本要求，因為要寫工作方案，月度或年度總結，並向老闆彙報。這就需要你有扎實的筆墨功夫，較強的文字表達能力，才可以清晰、簡潔、明瞭地表達思想，發佈資訊，「會做會說」才是真把式。

二、良好的組織能力

你的工作是整個企業工作的一環，環扣環，節扣節，講究的是章法、條理。計畫、方案的實施，工作千頭萬緒、具體繁雜，沒有良好的組織能力就很難順利開展工作，更不要說做好工作。

三、健全的思想和謀劃能力

當工作中的你發現組織中存在問題，或預見到組織將會發生的問題，為了解決這些問題或防患於未然，就需要在思想意識的引導下，發揮自己的想像力，來進行全面的策劃和設計。

我們要在生活中、工作中不斷學習，不斷總結，不斷應用，努力提高自己的各種能力。一旦我們的能力大幅提升了，那將會在工作中表現出遠遠超越其他同事的優勢，就能成為一個極具潛能的人，進而成為老闆青睞、提拔的首選對象。

第三章

管控情緒：讓自己時刻保持最佳狀態

生活就像一場不可逆轉的比賽，情緒在其中是一股巨大的力量，要想贏別人，必須先贏自己。用平和的自己打敗暴躁的自己；用大度的自己打敗狹隘的自己；用博愛的自己打敗怨恨的自己；用不生氣的自己打敗生氣的自己。因此，這就需要我們管理好個人情緒。

貓踢效應：時刻控制好自己的情緒

一個父親上班時間受到老闆的指責，一進家門正好看見自己的孩子在地上跑來跑去，父親怒火升了上來，把孩子大罵一頓。孩子心裡也不高興，看身邊的一隻貓正在打滾，就狠狠踢了一腳。貓大叫一聲，迅速躥了出去，這時正好一輛車開來，司機趕忙避讓，撞傷了一旁玩耍的孩子。心理學家將這種現象稱為「貓踢效應」，這是一種典型的不良情緒傳染。人的糟糕情緒會一個接一個地傳染，讓毫無關係的他人成為最後的犧牲品。

人的不良情緒會相互傳染、積累，並且程度越來越深。有些人被壞情緒侵襲，就將情緒傳染給別人，誰知傳來傳去最後還是傳到自己身上，弄得自己的心情一直無法恢復平靜。

某公司上個月在中層領導會議中提倡：公司中層領導以上員工，在工作中都要保持好心情。所謂「老闆不笑，員工煩惱」，如果領導總是表情嚴肅，眉頭緊鎖，員工也會產生相應的情緒，從而影響工作效率。如果領導情緒良好，手下員工也能保持愉悅心情。

作為公司中層領導的艾麗莎也積極宣導這次提議，不過她以為領導只是隨口一說罷了，也沒當回事。哪知領導真的當真了。一次艾麗莎發現該月工資少了績效獎金，就到會計部那兒查詢。結果會計主任說：「你在公司的表情不好，員工情緒也受到影響，因此扣去了績效獎金。」

艾麗莎本身就不喜歡笑，平時上班基本沒有笑容，而且還喜歡發脾氣。一次她領導的部門開會，下屬們看她面部沒有一點表情，以為她心情不佳。下屬心想這時候進去肯定會挨罵，所以很多人都長時間在辦公室門口等待，而且大家的心裡也都忐忑不安，充滿恐懼。

像這樣的事情還不止一次。有好幾次，部門員工都受到艾麗莎的情緒干擾，變得沒有心情工作。正好公司有了這樣的新規定，艾麗莎被員工投訴了。

傳遞不良情緒被處以罰金的規定聽起來似乎很搞笑，但這也說明情緒傳染的力量確實很強大。如果一個人不約束個人情緒，隨意讓它流露、傳播，那麼他身邊的很多人都會被他的不良情緒感染，從而為生活和工作帶來負面影響。

情緒傳染與細菌傳染、病毒傳染一樣，使人的情緒和行為在不知不覺中就受他人的影響和支配，對自己原有的考慮和打算早已忽略。情緒感染會將一群人的情感統一在一起，使人放棄平常抑制個人行為的社會準則，全由他人情緒控制自我。

例如，幾個小姑娘晚上在黑暗的鄉間小路行走，其中一個姑娘跳起來說：「我看到有個黑影從這兒飄過去，不會是看見鬼了吧！」這時，她的恐懼情緒立刻會傳染給她的同伴。緊接著另一個姑娘說：「啊呀，我也看見了，怎麼辦？」接著這種情緒一個一個傳遞到其他人心裡，這時所有人都膽戰心驚，亂成一團，早忘了自己來這兒要幹什麼，總之就使勁向前狂奔，趕快離開這個地方。

情緒傳染最常見的方式是「循環反應」。比如一個人在一群人中掀起憤怒或恐懼情緒，這群人的行為還會加劇他原來的情緒，甚至引發他的情感爆發。

美國洛杉磯大學醫學院的心理學教授加利・斯梅爾做了一個有關情緒感染的實驗，意在證實人的情緒會在短時間內傳播給另一個人，而當事人無從察覺。

斯梅爾將一個笑容滿面和一個愁眉緊鎖的人放在一起，還不到半個小時，這個笑容滿面的人就變得愁眉苦臉起來。斯梅爾隨後還做了一系列實驗，證明人的大部分情緒，包括悲傷、快樂、惱怒等，都可以在短時間內相互傳染，並且是在當事人毫不知情的情況下進行的。

斯梅爾認為人之所以會相互傳遞情緒，主要是因為有些人在情緒傳遞時占主導地位。這些人喜歡自我表達情感，在表達的時候還不忘加入肢體語言和動作，讓人感同身受，因而別人就容易接收他的情緒傳遞。還有些人在群體中處於劣勢地位，也很容易受他人情緒感染。例如下屬容易受到上司的情緒感染。

當然，不是所有人在任何時候、任何情況下都會受到情緒感染，一個人的習慣愛好、價值觀念、個性特徵、當時的具體情況以及心境，都是決定這個人能否受到感染，並且受感染程度大小的因素。看到這些，可能多數人都會把情緒感染看成是危險的炸彈，認為它能引發人的恐懼、盲目與衝動。其實，情緒感染也並非毫無益處，如果運用得當，它也可以成為激發個人內心力量的動力。

道森定律：焦慮程度影響活動效率

一九八〇年，心理學家葉克斯．道森在做動物實驗的過程中發現，隨著課題難度的穩步增加，動物的狀態逐漸呈現出下降的趨勢，這種現象稱為「道森定律」。

後來，心理學家運用道森定律，對人類進行研究，結果發現：一個人智力活動的效率，與其相應的焦慮狀態有一定的函數關係，表現的形式是倒「U」形曲線。

也就是說，一個人隨著學習、工作和任務難度的增加，積極性、主動性及意志力也會隨著增加。這時，個體表現的焦慮程度，對完成任務有促進的作用。但是，當焦慮超過一定的程度時，將會成為一種心理負擔，嚴重影響個體能力的發揮。

傳說中的后羿是天下無雙的神箭手，別說百步穿楊，就是天上的太陽，也能射下九個來。他百發百中，射出的箭總是能夠命中目標，可謂射術非常精湛。有一次，夏王偶然間聽說后羿的超群技藝，就將他傳入宮中一展身手。夏王命人找一個開闊處，在一百步之外的地方豎起一塊用獸皮製成的箭靶，對后羿說：「如果能射中靶心，我就賞賜給你黃金萬兩，可要是你射不中，我就要削去你一千戶的封地。」

聽完夏王的這番話，后羿的心情一下子變得非常緊張，他感到巨大的壓力，這一箭決定著他是獲得萬兩黃金還是失去千戶封地。想著這些，后羿心潮澎湃，情緒難以平靜。站在射箭的位置上，后羿將箭搭在弓弦上，拉開弓做好射箭的準備。然而，平時看上去不在話下的靶心，此刻卻變得非常遙遠。就是在這樣的狀態下，后羿射出了他一生中最差的一箭，居然沒有射中靶心。這讓在場的人感到非常失望，后羿也只好悻悻離開了王宮。

神箭手后羿沒能射中靶心，其實就是因為他在夏王的賞罰之下變得焦慮起來，最終影響了自己的正常發揮。

在心理學上，「焦慮測試」可分為低、中、高三級水準。當人的情緒過於放鬆，一點兒都不緊張時，人的活動效率往往很低；當人的情緒比較緊張但又不過度時，行動效率最高，而當情緒過度緊張時，行動效率開始下降。

生活中，我們不乏這樣的經歷。比如，學生參加重要的考試，剛開始如果過度緊張，很可能會出現暫時遺忘的現象，從而發揮失常，而心情平靜下來後便會很順利地答完試題；面試時由於緊張，對面試官提出的問題明明知道答案，卻回答得驢唇不對馬嘴，從而失去就職機會；運動員在平時的訓練中能展現出很高的水準，而在賽場上，由於過度緊張焦慮，很可能會出現失誤，最終與獎牌無緣。這些都是道森定律在作祟。

道森定律告訴我們，緊張焦慮的程度會對我們能力的發揮產生影響：輕度緊張、適度焦慮，相當於神經內分泌功能的總動員，會調動自己心理、生理的各種積極因素，以應付緊張情況，有助於臨時競技水準的發揮。但是，如果過分緊張、焦慮過度，即測試焦慮達到第三級水準時，會出現上述精神疲勞和心理疲勞現象，嚴重影響能力的發揮。

因此，要想發揮出最佳水準，我們就應該注意調節好自己的情緒，保持適度的壓力和輕度的興奮。

生活中，緊張焦慮是不可避免的，我們能做的就是，當不良情緒狀態出現時，找到適合的方法，及時去緩解它，儘快擺脫這些不良情緒，將負面影響降到最低。

總結起來，消除焦慮的方法可以參考以下建議：

一、注意力轉移法

例如，自我按摩、聽聽音樂、深呼吸，或者一直觀察某個物體，細心分析、琢磨它的顏色、形狀等，這樣可以將注意力從讓我們焦慮的事情上轉移開。科學研究發現，人的焦慮與肌肉的緊張有很大關係，而當我們的肌肉在其他活動中鬆弛下來時，焦慮也就基本上被控制住了。

二、自我暗示法

出現緊張焦慮時，我們可以告訴自己：「不過是平常的一天而已，無非這件事重要而已。我現在緊張，是因為我把這件事看得太重。我沒必要緊張，沒關係的。」或者告訴自己：「我是最優秀的，如果我都不行，那麼別人肯定也不行。」

總之，只要我們能夠正確地認識「道森效應」，選擇適當的方法調整好心理狀態，焦慮就會慢慢地被消除，我們也就能夠正常甚至超常地發揮自己的水準。

空虛效應：努力的人，內心永遠不會空虛

有許多人常常抱怨生活單調，工作枯燥，覺得什麼事都「沒勁」。這種狀態就是人們常說的心靈空虛。內心空虛的人，往往沒有追求和遠大的理想，就像一隻無頭蒼蠅到處亂飛亂撞，感到生活像漫漫長夜，沒有邊際，看不到任何希望。

一般而言，所謂的空虛，指的是一種百無聊賴、閒散寂寞的消極心態，是內心不充實的表現。空虛是一種社會病，普遍存在於社會生活中。當社會價值多元化導致個人無所適從，或者個人不滿足的本性遭到長期打壓時，就很容易出現這種不良心理，其表現包括抑鬱、憂鬱、孤獨等病態。

心理學上，稱這種不良心理為「空虛效應」。

內心空虛的人不會有人生規劃，而沒有人生的奮鬥目標，也就不會感受到奮鬥的樂趣和成功的愉悅。在這種狀態之下，人們常常感覺自己是在混日子，不思進取，得過且過，不求有功但求無過。因為心靈空乏虛無，寂寞無聊，空虛者會尋求

刺激，如抽煙、喝酒、賭博、鬧事等，以這些方式來消磨時間。內心的空虛寂寞如果得不到及時地調整，長此以往，個別人甚至會出現偷盜、搶劫等行為，走上違法犯罪的道路。沒有人生規劃、沒有奮鬥目標的人，實際上是把社會責任推諉給了他人，自己總想著不勞而獲，坐享其成。

在現實中，空虛的狀態常常出現這樣兩種情況：一種是物質條件優越，無須為了生活而奔波勞累，習慣並滿足於享受，不知道也不願知道人生的真實意義，沒有「生活目的」這一概念。另一種是好高騖遠，沒有設定合理的目標。如對小事情或小目標不屑付出與追求，而自己理想中的目標又無法達到。這樣的結果只能是無所追求，心靈虛無空蕩，精神無從著落。

心理學家發現，一個人的內心世界越豐富，其寂寞感就越少。因為這樣的人，隨便做點兒什麼事，都比較容易填滿無所事事的時間。

就個體而言，那些對自我缺乏正確認識的人，其內心比較容易出現空虛寂寞。有的人對自己沒有信心，甚至經常對自己持否定態度，表現為整天憂慮，思想空虛；有的人覺得自己非常有能力，然而社會卻沒有給帶自己提供一展才能的機會與條件，這種落差使其陷入自認為是「虎落平陽」的窘境中，常常感到無奈、沮喪。

還有的人因為對社會現實和人生價值存在錯誤的認知，不能處理好社會現實與個人利益的關係，當兩者之間產生衝突之時，往往會過分在意個人得失，如果個人要求得不到滿足，就心懷不滿，由此產生失落困惑的情感體驗。

我們可以看到，有些人雖然從事的工作枯燥而煩瑣，但他們並沒有感到空虛寂寞。他們熱情地投入到工作中去，享受工作的樂趣。相反，有些人平時情緒很正常，一到了星期天卻感到鬱悶，這就是人們常說的「星期天沮喪症」。在忙了一個星期後，到了週末可以好好休息，參加一些活動，對此人們應該高興才是，為什麼卻會感覺到寂寞呢？

出現這種狀況，大概有兩種原因，一是單身人士，週末他們看到別人約會、外出活動，自己卻孤單一人，對比之下，不可避免地出現寂寞感。另一種情況是因為週末過後，人們又將面對接下來一周的緊張工作，於是在星期天便開始感到心情煩躁，特別不想上班做事。

空虛感能夠消磨人的鬥志，侵蝕人的心靈，使人的生命變得毫無價值。那麼，日常生活中我們怎樣才能防止和排除心理上的空虛呢？

一、多讀書

每本書都為我們打開了一扇窗戶，讓我們發現色彩絢麗、令人陶醉的新世界，讓我們的心靈變得充實，使我們跳出狹小的天地暢遊在寬廣的知識海洋中。因此，無論你有多忙碌，都應儘量抽出一點時間去享受讀書的樂趣。這樣即使你一人獨處，也不會感到空虛和寂寞。

二、找幾個真心的朋友

社交圈的大小與空虛沒有多大的關聯。真正的朋友總是互相幫助、互相勉勵，他們在你遇到挫折時開導你，在你情緒低落時激勵你，在你春風得意時提醒你，在你空虛寂寞時陪伴你。與他們在一起，你還會感到空虛嗎？

三、專注地去做一件事

當一個人集中精力、全身心投入工作時，就會忘卻空虛帶來的痛苦與煩惱，並從工作中看到自身的價值，使人生充滿希望。生活中有很多有趣的事情，只要我們善於發現並投入其中，就能夠遠離所謂的空虛寂寞。

心理擺效應：做自己情緒的主人

傳說，在古老的以色列，有一個叫作雷蒂亞的人。每次和人發生矛盾生氣的時候，他從不和人爭執，而是以很快的速度跑回家去，繞著自己的房子和土地跑三圈，然後坐在田邊喘氣，氣順之後，便更加勤奮地勞作，結果他的房子越來越大，土地也越來越寬廣。但不管房地有多大，只要與人爭論生氣了，他還是會繞著房子和土地跑三圈。

雷蒂亞為何每次生氣都這樣做呢？有人無數次問他，他一概拒絕回答。雷蒂亞很老時，有一次與家人生氣了，他又拄著拐杖步履蹣跚地圍著寬廣的房子和土地艱難地走了起來。等到他好不容易走完三圈後，太陽已經落山。孫子就勸他回家。可他堅決不肯，一心要坐在地邊喘氣。孫子無法，只好在一旁陪他。這時候，孫子就問他：「您看，附近的人數您年齡最大，房子和土地也沒有人比您的更大了，您不能再像從前，一生氣就繞著房子和土地跑啊！最讓我不明白的是，為什麼您一生氣就要繞著房子和土地跑上三圈呢？」

雷蒂亞禁不住孫子的再三懇求，終於說出隱藏在心中多年的秘密，他說：「年輕時，我一和人吵架、爭論、生氣，就繞著房地跑三圈，我邊跑邊想，我的房子這麼小，土地也這麼小，我哪有時間、哪有資格去跟人家鬥氣，一想到這裡，氣就消了，於是就把所有時間用來努力工作。」孫子又問：「可是現在您年紀大了，又成了最富有的人，為什麼還要繞著房子和地跑？」

雷蒂亞歎了口氣說：「我是邊走邊想，我的房子這麼大，土地也這麼多了，我又跟人計較什麼？一想到這兒，氣就消了。」

這種心理現象後來被心理學家總結為情緒的「心理擺效應」。多數人都不理解，一個正常的人為什麼會產生心理擺效應呢？這主要有如下幾個原因：

第一，心理存在著一種起伏現象　這是說，人的心理變化猶如大海的波濤，潮起潮落，經常按照一定的規律變化。而這種變化總是在心理的兩極來回擺動，從而產生心理擺效應。

第二，心理擺效應的產生與個人的兩極循環人格密切相關　有些人的人格特徵總是兩極心理狀態很明顯，一會兒狂喜，一會兒寧靜；一會兒激情萬丈，一會兒心灰意冷；一會兒快快樂樂，一會兒哭哭啼啼；一會兒愛，一會兒恨，等等。這些人特別容易產生心理擺效應。

第三，與環境、角色反差較大有關係　一般來說，環境與角色反差較大的人，心理擺效應易產生；反之，不太容易產生。心理學家認為，人的感情在外界刺激的影響下，具有多度性和兩極性的特點。每一種感情具有不同的等級，還有著與之相對立的情感狀態，如愛與恨、歡樂與憂愁等。在特定背景的心理活動過程中，感情的等級越高，那麼在這種情形下出現的「心理斜坡」就越大，因此也就越容易向相反的情緒狀態進行轉化。

如果要想讓自己的情緒保持一種平和的狀態，就必須學會如何去調控情緒，做自己心靈的主人。

控制情緒需要一種良好的心理素質。具有這種心理素質的人，能夠非常有效地管理和控制自己的情緒，最終實現自己的目標，取得成功。

縱觀世界上那些偉大的人物，他們在面對突然變故的時候，沒有一個人會表現出抓狂、歇斯底里等情緒失控的狀態。因為這些人都明白一個道理，那就是一旦情緒失控，在心理上就已經處於下風，因而就無法思考應對的策略了。我們可以試想一下，如果一個集團的領導人在面臨突變的時候情緒失控了，他的那些手下會怎麼樣？一定也會隨著領導變得歇斯底里而慌作一團。所以說，這些偉大的人物總是能夠統領大局，運籌帷幄。

可以說，一個人如果能夠懂得如何讓自己避免情緒失控，在面對突變時也依然能處事不驚，那麼他的內心一定會是穩固而強大的。這樣的人往往都有一種統率眾人的能力，讓周圍的人不自覺地信任他、依賴他、聽從他的安排。所以說，這樣的人是最具有成功者素質的。

那麼，在面臨自己無法駕馭的事態時，我們要如何避免情緒失控呢？

有一家製作皮鞋的工廠，因為談判失敗，眼看就要面臨倒閉，全廠上下都陷入了一片恐慌。而這時，老闆卻在自己的辦公室給一個在國外非常要好的朋友打了個電話，其間並沒有提及自己快要破產的事情，只是與老友敘舊，並詢問他在國外過得好不好等相關情況。掛斷電話後，老闆將員工召集起來，和大家說：「因為兩次生意的失敗，我們企業已經快要破產了。大家努努力，在工廠倒閉之前，我們要做出最好的新皮鞋，證明我們曾經存在過！」正是老闆的這種氣勢，帶動了大家的情緒。員工們加班兩天，終於趕製出了一批品質非常好的新款式皮鞋，一上市就造成轟動，終於幫助工廠擺脫了這次危機。

如果這個工廠的老闆沒有及時地轉移自己的情緒，也和員工一樣恐慌、歇斯底里，那麼他就有可能在衝動下將自己一手建立的工廠拱手讓人。所以說，當你覺得自己的情緒快要失控時，不妨去做一些別的事情，分散一下自己的注意力！

如果一個人經常思考，他的思維就會變得非常開闊，在面臨突發事件時，他就會很容易分析出問題出在哪裡。這樣，他就可以找出解決問題的方法，自然也就不會情緒失控了。同時，一個經常思考的人，他會很清楚自己什麼事情可以解決，而什麼事情無法解決。為避免這些無法解決的事件發生，他一定會做出很充足的準備，這樣自然就避免了這種「突然性」刺激，也自然會避免情緒的失控。

在人生旅途中，一個人的內心如果足夠強大，能夠在任何情況下都承受住衝擊，他就很難被打倒。這樣的人能夠主宰自己的情緒，所以他們的心態在任何情況下都能夠保持穩定。他們知道如何在逆境中尋找希望，也知道如何面對生活中的那些突發事件。對他們而言，所有的這些意外和挑戰，都只是走向成功必然要經歷的一種磨礪而已。而這些人，最終都會走向自己事業的巔峰。

齊加尼克效應：讓行動有條不紊的智慧

在工作中，很多時候由於時間緊迫，往往不能等到完成一項工作再去做另一項工作，而要幾項工作重疊在一起來完成。但你是否想過，這樣會帶來多大的壓力，又會對自己的情緒造成什麼樣的影響嗎？

看看身邊那些忙碌的人：為儘快趕出稿件，報刊編輯下班回到家裡依然面對著電腦在組稿、編排；科研人員沒有休息的時間，那些研究課題佔據了整個生活……或許你就是他們其中的一員，總是被一大堆的工作弄得焦頭爛額，那些沒有解決的問題或未完成的工作像「惡魔」一樣困擾著自己，使自己心理緊張、疲憊不堪。這時候，你就應該反省一下，工作固然重要，但不能為此而犧牲生活的全部。如何既能不耽誤工作，又能讓自己的心理處於輕鬆狀態呢？找對方法是解決這些問題的關鍵。

法國心理學家齊加尼克指出，當人們面對一項工作的時候，就會產生一定的緊張心理，只有工作結束之後，緊張才會消除。假如工作沒有完成，緊張的狀態就會一直持續下去。這種因工作導致的心理上的緊張狀態就是「齊加尼克效應」。為了更好地瞭解齊加尼克效應，我們先來看看齊加尼克做過的一個實驗。

齊加尼克找來了一些人，將他們分成兩組，然後讓他們完成20項任務。在完成任務的過程中，齊加尼克從中「使壞」，干擾其中的一組，使他們不能完成任務；另外一組則沒有受到任何影響，他們順利地完成了任務。在整個實驗過程中，齊加尼克發現，一開始的時候，面對將要完成的任務，兩組人都出現了一種緊張的狀態。實驗結束後，受到干擾的一組由於沒有完成任務，仍然表現出緊張狀態，而順利完成任務的那一組人則沒有出現緊張狀態。

為什麼會出現這樣的結果呢？原因就在於，那些沒有完成任務的人，他們被未完成的工作所困擾，緊張的心理狀態難以消失。在這個競爭激烈的時代，人們的生活、工作節奏在加快，這也使得人們的心理負荷日益加重。以腦力勞動者為例，腦力勞動是以大腦的積極思維為主的活動，具有持續而不間斷的特徵，一般是不受時

間和空間限制的，所以腦力勞動者的緊張感往往是持續存在的。值得我們注意的是，緊張的心理狀態非常不利於人的身心健康，對人們的生活和工作都會造成不良的影響。

俗話說，有其因必有其果，面對工作，人們出現緊張的狀態的原因主要包括不恰當的工作方法以及生活工作中的一些因素。

不恰當的工作方法，如前面提到的，有時候人們要同時做好幾件事情或者完成幾項任務。出現這種情況，往往是安排不合理造成的。面對多項任務對，應該做一個總體規劃，對所有任務進行排序，這樣哪些必須先完成，哪些又是可以緩一緩的，就一目了然了。

凡事要分輕重緩急，在某個時間段只做一件事情。當我們凝聚心神、集中精力去做一件事情的時候，我們的潛能才會得到最大限度的發揮，這樣做起事情來既輕鬆、高效，又能把事情做好。相反，如果同時完成多項任務，頻繁地從一項工作轉換到另一項工作，這樣不僅浪費精力和時間，而且效果也不好。從心理角度來說，面對一大堆沒完成的工作，人們會感覺到巨大的壓力，變得心浮氣躁，而且任務拖得越久，緊張的狀態就會越嚴重，最終可能導致什麼事情都做不好。當一項任務完成以後，人們的內心往往會有一種解脫感和滿足感，即齊加尼克效應中的「緊張狀態消除」。保持這樣的輕鬆狀態，我們才能去完成下一個任務。

其實，無論是做一項工作還是同時做幾項工作，人們都免不了會出現緊張狀態，感覺到壓力。這就需要我們瞭解是哪些因素導致緊張、壓力的產生，然後有效地去限制或者消除它們。對於多數人來說，導致在工作中出現緊張、壓力的因素包括工作時間長、對工作與生活失望、得不到同事的支持等。

有的時候，由於任務量大，時間緊，為保證任務按時完成，人們通常要加班加點，甚至是通宵達旦。在這樣的高強度工作下，人們往往會產生厭煩心理，於是便產生了工作壓力。有些人一心只想著工作，將全部精力都投入到工作中去，完全忽略了必要的休閒娛樂以及社交活動，無形之中給自己帶來了莫大的壓力。

此外，工作中缺乏與同事的溝通與合作，得不到同事的支持，或者與同事的關係緊張，更加重了工作壓力。人們與周圍人的關係和諧與否會直接影響到工作心情的好壞，如果一個團隊能夠相互支援，有效溝通，和諧共處，那麼就可以保持良好的工作狀態，有利於工作壓力的減輕。

野馬效應：不被憤怒牽著鼻子走

非洲草原上，故事每時每刻都在上演。那麼，當吸血蝙蝠遇上野馬，誰將是勝利者呢？

對野馬來說，吸血蝙蝠無疑是個「小傢伙」，即使會吸食鮮血，也還是個「小傢伙」，完全不用放在眼裡。然而吸血蝙蝠就是這樣的不識趣，竟然叮在野馬的腿上開始吸血。起初，野馬使勁兒地撂了一下腿，試圖把吸血蝙蝠從腿上甩到地上，到時它就可以用蹄子把那可惡的「小傢伙」踏扁了。然而，讓野馬氣憤的是，它竟然失敗了，「小傢伙」仍然牢牢地叮在腿上。憤怒的野馬開始用更大的力氣撂腿，它還是失敗了；接著它再一次用力，仍然沒有成功……最後，野馬憤怒了，它開始狂奔。遺憾的是，直至野馬在憤怒與狂奔中耗盡了體力，甚至死去，也沒能把吸血蝙蝠從腿上甩下去。

在吸血蝙蝠與野馬的爭鬥中，似乎是吸血蝙蝠出人意料地戰勝了野馬。然而，讓野馬失敗，甚至死去的，真的是吸血蝙蝠嗎？

動物學家們指出，吸血蝙蝠所吸的血量極少，根本不足以令野馬死去，並且，吸血蝙蝠也不帶毒素，完全不會令野馬失控。野馬真正的死因是憤怒和狂奔。心理學家們進一步指出，吸血蝙蝠叮在野馬的腿上吸食其鮮血這一外因並不是野馬死亡的原因，而這一外因所引起的野馬的劇烈情緒反應才是其死亡的真正原因。

生活中，像野馬一樣的人並不在少數。很多人碰到一點點不順心的事就情緒失控，或者暴跳如雷、大發脾氣，或者悲傷絕望、自怨自艾，不僅讓事情變得更加糟糕，而且對自己的身心造成傷害，嚴重的時候甚至可能摧毀自己的人生。這聽起來似乎非常愚蠢，但大多數人總是在重複著這樣愚蠢的事情。

心理學將情緒分為「喜、怒、哀、樂」四大類。其中，怒是一種很普遍的不良情緒，它會讓我們失去冷靜和理智。

生活和工作中，很多事會讓我們不順心，很多人也會讓我們難以忍受，這些都會引起我們的怒火。很多人發怒之後，不能夠控制自己的怒氣，他們會被憤怒牽著鼻子走，做出錯誤的決定。因此，一個情緒化的人，一個不能夠控制自己怒氣的人，很難獲得別人的認可，很難取得大的成就。

皮索恩就是一個不會控制自己怒火的軍事領袖，他雖然很有指揮才能，但總是會在情緒的驅使下做出一些不理智的事情。有一次，皮恩索手下的兩名士兵外出偵察。卻只有一個回來了。當皮恩索詢問他另一個士兵下落的時候，他說不上來。皮索恩怒不可遏，當即決定絞死這個士兵。

就在這個士兵將要被絞死的時候，他的同伴回來了。這時候士兵們很高興，他們覺得自己的戰友得救了。於是，他們找到皮索恩，心想，他也會因手下失而復得而高興。但結果出人意料：領袖由於羞愧而更加憤怒，結果連帶著把失蹤又回來的士兵以及沒有立即執行命令的劊子手一起處死了。

作為一個軍事領袖，皮索恩由於沒有克制自己的衝動，在短時間內竟處死了三個人，在這樣的舉動之下，他在士兵中會營造一個怎樣的形象？假如你是皮索恩的上司，得知他這樣處理軍務之後，你會怎樣對待他？還會將軍事指揮權賦予他嗎？因此，能否有效駕馭自己的情緒，控制自己的脾氣至關重要。

拿破崙在19世紀初的時候縱橫歐洲，所向披靡，但是這也引起了很多人的不滿。一八〇九年1月，拿破崙正在西班牙的時候，中歐發生了一場新的戰爭危機，拿破崙命內伊和蘇爾特率兵駐守西班牙，自己返回法國。當時，塔里蘭是法國的外交大使，他秘密籌畫著一項活動，旨在造反。拿破崙剛一抵達巴黎，他的情報員就將塔里蘭密謀造反的事告訴了拿破崙。接著，拿破崙召開了一次會議，各大臣奉命前去參會，塔里蘭也不例外。

拿破崙其實也察覺到塔里蘭的不忠，但是苦於沒有證據，因此既憤怒又苦惱。會議開始時，儘管拿破崙旁敲側擊地點出塔里蘭的陰謀，但塔里蘭卻面不改色。為此，拿破崙的情緒非常激動，再也無法遮掩自己的內心活動，他於是走到塔里蘭跟前說：「某些大臣圖謀不軌，巴不得我早點兒死掉！」面對這樣的形勢，塔里蘭依舊泰然自若，透過他的眼睛，在場的人只可以看到一絲疑惑的神情。這時，拿破崙再也按捺不住了，他朝塔里蘭吼道：「我授予你至高的榮譽，賜給你大量的財富，你卻陰謀造反！如此的恩將仇報，你還配做人嗎？我覺得你跟穿著絲襪的狗沒什麼兩樣。」一陣咆哮之後，拿破崙頭也不回地走了，大臣們則你看看我，我看看你，滿臉的驚訝。

在這之前，眾大臣從未見拿破崙這樣失態過。沒想到的是，塔里蘭這時仍然顯得非常鎮定，他緩緩地站起來說：「如此體面的人物今天居然這樣粗魯，我感到很震驚，在座的各位也覺得很意外吧！」後來，塔里蘭揚言：「這是失敗的開端。」拿破崙怒斥塔里蘭的消息可謂不脛而走，在人們之間迅速傳播開來。正如塔里蘭所揚言的一樣，此後，拿破崙的聲望大大下降了，他的政治生涯走上了下坡路。

拿破崙難以抑制自己的憤怒的時候，就是他失敗的開端。其實對於任何人都一樣，當你的內心被魔鬼佔據，迷失了心性，還談什麼成功？

美國研究應激反應的專家理查・卡爾森曾說：「人們要接受一件事，那就是生活是不公平的，任何事情都不會按計劃進行。遇到不順心的事情時，要冷靜下來，要理解別人，不要讓不良情緒牽著鼻子走。只有讓自己保持良好的心理狀態，避免垃圾情緒的積壓，才能夠總是以最好的形象出現在別人面前，才能獲得更多人的認可和支持。」

傑弗遜是美國眾議院的一名議員，他一直想要競選市長。在初期的演講中，他取得了一些選民的支持，但是相對于自己的對手，還是顯得微不足道。有一天，一位大銀行家與他的對手會談後迎面遇到了傑弗遜，傑弗遜禮貌地打招呼，但是這名銀行家顯得非常傲慢，他說：「沒有我們財團的支援，就你，如果你活得長一點兒，你或許可以競選成功。」

傑弗遜當時就被氣得話都說不出來了，銀行家的話無疑是譏笑他沒有更多的支持，沒有前途。但是傑弗遜卻很好地將他的氣憤轉變成了一種動力，更加努力地演講、競選，通過一輪又一輪的競爭，民眾逐漸認識到了傑弗遜的真誠，傑弗遜也在最後時刻成功逆轉，當選市長。

仔細觀察你的周圍，哪一個成就非凡的人不是沉穩冷靜？所以，我們無論身處何種境地，都要保持一種穩重的心理狀態，不讓憤怒牽著鼻子走。只有這樣，才能夠總是做出正確的選擇，才能夠讓別人看到你的成熟心態和應變能力，才能贏得更多的支持。

延遲滿足效應：驚奇過度，人容易衝動和失控

俗話說：「心急吃不了熱豆腐。」在面對各種選擇的時候，千萬不要被眼前的一點小利所誘惑，而喪失了釣到大魚的機會。在下決定的時候一定要慎之又慎，瞄準目標就要堅持到底，即使遲延滿足也要實現自己的最終目標。

在發展心理學研究中，有一個被稱為「遲延滿足」的經典實驗，該實驗由美國斯坦福大學的心理學家瓦特・米伽爾主持。

實驗者走進一家幼稚園，對一群四歲的孩子說：「桌上放了四塊糖，假如你們能堅持20分鐘，等我買完東西回來，你們每人都可以得到兩塊糖。但是，假如你們不能等這麼長時間，那每人就只能得到一塊糖，現在就可以給你們。」對四歲的孩子來說，這是兩難的選擇，所有的孩子都想得到兩塊糖，卻要為此熬20分鐘；而要想把糖馬上吃到嘴裡，則只能吃一塊。

實驗結果：2/3的孩子選擇等20分鐘擁有兩塊糖。當然，對孩子們來說，這是一個挑戰，他們很難控制自己的欲望。為了不受糖的誘惑，為能熬過20分鐘，不少孩子只好把眼睛閉起來傻等，有的用雙臂抱頭不看糖，有的則用唱歌、跳舞轉移自己的注意力，還有的孩子乾脆躺下來睡覺。

另外1/3的孩子選擇現在就吃一塊糖。實驗者一走，他們在一秒鐘內就把那塊糖塞到了自己的嘴裡。

經過12年的追蹤，該實驗的實驗者發現，那些熬過20分鐘的孩子，他們多有較強的自制能力，自我肯定，充滿信心，處理問題的能力強，堅強，樂於接受挑戰；而選擇吃一塊糖的孩子，他們則多表現為猶豫不定、多疑、妒忌、神經質、好惹是非、任性，經受不住挫折，自尊心易受傷害。

後來，實驗者又持續了幾十年的跟蹤觀察。事實證明：那些有耐心等待吃兩塊糖的孩子，他們在事業上比那些不願意等待的孩子更容易獲得成功。

在心理學上，這種從受試者小時候的自控實驗中能預測其長大後的個性的效應，被稱為「延遲滿足效應」或「糖果效應」。

這個心理學效應給我們這樣的啟示：那些自制能力強的人，他們往往能很好地控制和約束自己的行為。在面對眼前的誘惑時，他們可以抑制自己內心的衝動，堅決地拒絕各種誘惑，延遲滿足自己的需要。

當今世界豐富多彩，變化萬千，讓人經常處於隨意注意與不隨意注意的鬥爭之中。所謂隨意注意，就是指人要用意識來控制注意，例如寫文章、背單詞就屬於隨意注意；而不隨意注意，指的是事先沒有目的，不由意識控制，而是在外界有趣、新穎、奇怪的事物刺激下引起的注意，比如當學生們都在教室上課，突然從外邊來了一個人，這時，學生們的注意力就會中斷，不由自主地去關注進來的人，這就屬於不隨意注意。

驚奇是意外發生時，一種短暫的情緒體驗，它就是伴隨不隨意注意產生的。驚奇的種類有很多，有飛來艷福的驚奇，有大難臨頭的驚奇，有大街上五光十色霓虹燈給人帶來的驚奇，也有巨大響聲和強烈光線給人帶來的驚奇。總之，不管驚奇感來自何處，你都需要承受驚奇為你帶來的影響。

有的人時常希望生活之中處處有驚奇，但是他們不知道驚奇也可能帶來不好的結果。因為驚奇沖昏了人的頭腦，人很容易做出不理智的決定，從而影響自控能力。其實人的大腦並不喜歡太多驚喜，驚奇過度，也會很容易引發自控力下降。

美國范德堡大學心理系的研究團隊做了一項實驗，他們要求被試者們參與一個遊戲，就是在電腦螢幕上不斷隨機出現的字母中，識別出字母「X」，然後進行確認。在被試者們完成遊戲的同時，電腦會自動記錄識別的正確率，實驗人員也會利用功能性核磁共振成像記錄來觀察他們腦區的活動。

這個遊戲看似無聊，也毫無挑戰性，不過，令人意想不到的是，螢幕中會隨時出現一張「人臉」讓被試者感到驚嚇。當「人臉」第一次出現時，果然讓被試者們大吃一驚。他們受驚嚇後，識別字母的正確率明顯下降。隨著「人臉」多次出現，被試者們識別字母的正確率隨之回升，原因是他們已經適應了這張「人臉」。實驗人員通過分析功能性核磁共振成像的資料，發現識別字母「X」和識別「人臉」，都會啟動一個叫作額下回交界處的腦區。而科學家認為這個腦區起著協調多種注意、保證多工順利進行的功能。因「人臉」出現帶來的驚奇感會增加這個區域加工的負擔，讓大腦出現一片空白的情況，所以會干擾被試者在遊戲中的識別正確率。

可見經歷「驚奇」事件對大腦來說是一種負擔。人無論感到驚喜還是驚嚇，都會影響自我控制能力。據科學分析發現，驚喜、驚嚇的出現，會給大腦的注意力協調系統施壓，分散個人對其他事情的注意力。但是，注意力是維持自我控制的關鍵，如果一個人的注意力維持行為呈下降趨勢，說明他的注意力被驚喜和驚嚇分擔掉一部分，所以人的自我控制能力也會下降。就像人們在聚精會神讀一本書的時候，突然外邊一聲巨響，人們被驚了一下，在一段時間內是無法專注讀書的。

人活一世，不可避免會經歷「驚奇」事件。所有意外的東西，包括意外財產、意外勝利、意外失敗、意外死亡、意外邂逅、意外破產等，都會讓人的自控力下降。例如男方向女方求婚時，都喜歡給對方意外的驚喜，這樣能增加成功的可能性。有人會藉口自己出事，讓家人和朋友把女方帶到一個地方。女方怕男方有危險，正在驚慌失措、心亂如麻的時候，四周突然響起了音樂。所有人隨著音樂翩翩起舞，前方突然出現一個人，拿著鮮花和戒指在眾人擁簇下走了過來。女方發現這人就是她的男友，接著男友單膝跪地向她求婚。她還沒從剛才的驚慌中恢復過來，立即又轉為驚喜狀態，很容易答應男方的求婚。

人在思考或者做決定的時候，都要依靠注意力的參與。當男方通過意外驚喜的方式向女方求婚時，女方被驚喜、驚嚇分散了一部分注意力，在做決定的過程中就很難獨立思考，從而更容易一時衝動，做出決定。

決策需要人保持理性，不應被刺激帶來的情緒干擾。只有理性地思考，才能做出理性的決定，這樣也不容易被別人利用。如何避免驚奇感帶來的負面影響呢？最重要的就是提高警惕。當你感到驚奇、驚喜或驚嚇的時候，先把需要決策的事情往後放一放。深呼吸，讓自己的情緒平靜下來，冷靜地思考問題，這樣就能避免意外驚奇導致的失控。

漏斗效應：嫉妒是心靈的雜草，一定要根除

「漏斗效應」是指當流體從管道截面積較大的地方運動到截面積較小的地方時，流體的速度會加大，類似水流過漏斗時的現象。心理專家提醒我們，無論「同行是冤家」的抱怨，還是對自己的生活過得不如別人好的抱怨，或者對自己的獎金為什麼比別人少的抱怨……種種抱怨可以用「嫉妒」來總結。沒有嫉妒，就沒有抱怨。嫉妒就像一個漏斗，隨著沙漏加大，嫉妒會吞噬一切美好的事物，最後牢牢被嫉妒所控制。因此，生活中我們一定要杜絕嫉妒心理的產生。

起初，李太太是位本分的家庭主婦，每天的工作就是打掃、煮飯、洗衣、洗碗、照顧小孩……總之，她覺得自己詮釋了「圍著老公孩子轉」這句話的內涵。儘管如此，她一點兒也未感到單調與乏味，反而覺得侍候好老公和孩子，是女人的宿命。

可她平靜的內心，卻因一個人而產生了波瀾。原來，她的對面搬進來一位女人，這位女人美麗自信。當她與美麗的女人相遇時，她就覺得自己比對方矮半截，從此她對自己按部就班的生活再也沒有了往日的熱情。李太太很羨慕這個美麗女子，因為她簡直是過著自己的「理想人生」：美麗、幹練、經濟獨立、事業有成……如果可能，她真想和鄰居交換！

每天早上，當李太太打開自家的門，送兒子去上學時，幾乎都能遇到她。看著她身上合宜的套裝，看起來很有質感的手提包，李太太覺得自己身上的運動裝就像鹹菜乾。美麗女子身上散發出來的淡淡清香更讓她懷疑自己身上有沒有油煙味……

李太太帶著這種自己覺得很奇怪的情緒生活了很久，一天，她突然發現，這個美麗女子竟成為自己煩惱的根源。因為每碰到她一次，李太太就會在心中祈禱：希望現在有一杯咖啡能潑到她的身上，希望她上班途中可以遇見強盜，最好把她的名牌包搶去……李太太的心中非常清楚，自己嫉妒她，非常嫉妒她。

某一天，在李太太接兒子放學的時候，在電梯中又碰見了這個美麗女子，看著她依然得體的衣著和妖嬈的長卷髮，李太太計從心來，她順手推了一把兒子，兒子手中的冰淇淋正好沾到了那女子的裙子上。美麗女子驚慌失措，而李太太在不住道歉的時候，心中不免產生了一絲暗喜……

李太太羨慕美麗女子的妖嬈美麗，對自己的生活很厭倦，最終讓自己的心靈變得扭曲，讓自己的心靈長滿了雜草。

其實，李太太會為自己的生活、為自己的人生打下「不及格」分數，完全由於她的嫉妒心理。可是她不明白，美麗女子的生活是美麗女子的，從來不會屬於別人，不管自己多麼嫉妒，她都不可能成為那個美麗女子。

嫉妒心理的程度有深有淺，各不相同。程度較淺的嫉妒心理往往存在於人的潛意識中，所以人們根本察覺不到。上學的時候，看到自己的好朋友比自己成績好，雖然沒有任何想要對朋友搞破壞的心思，但心裡還是隱隱有一些酸楚和不甘心，這就是程度較淺的嫉妒心理。程度較淺的嫉妒心理基本不會對別人或者自己造成什麼危害。然而，當嫉妒心理程度較深時，就會表現為嫉妒者對被嫉妒者挑剔、造謠、誣陷等。這種程度較深的嫉妒心理就會對自己和他人造成損害，影響彼此的情緒，影響彼此之間的關係，對雙方的工作和生活都會產生影響。

對於別人的優點，我們可以羨慕，可以見賢思齊，但不要使這種羨慕發展成為嫉妒，我們要心胸開闊，意識到，人們都有優缺點，沒有絕對完美的人，也沒有一無是處的人。見到比自己強的人，要意識到這是正常的，「人外有人」、「強中自有強中手」，要勇於承認自己的不足，坦誠地讚賞比自己優秀的人。

這個世界上沒有一片完美的葉子，更沒有完美的人生。每個人的一生中，必然都有缺口，而那個缺口，多半是我們看不到的。唯有停止比較，我們才會發現自己已經擁有的東西，比想要擁有的東西要有分量。

嫉妒，是一種不健康心理，屬於消極的負性情緒反應。嫉妒心強的人很容易出現心靈扭曲的現象，行動上不能自制，往往背後中傷人，就像故事中李太太一樣，控制不住自己在電梯裡「暗算」美麗女子。因此，調整自己的心態，學會去欣賞別人的美好，反而會為自己召來「幸運」。

恐懼效應：認識根本，從此不再害怕

所有人都在某種程度上感受過恐懼，承受過孤獨，害怕痛苦，嚮往安寧。我們常常掩飾自己隱秘的感覺，避免與習俗相衝突，大家對此都心照不宣。

為了埋藏自己的恐懼，我們正在付出高額代價；我們默默地、不自覺地壓抑著自己所有的情緒反應，不論好壞，無論喜怒，我們都不形於色。結果，當工作機構急切需要我們發揮創造力和工作能力的時候，需要我們拿出克服困難的勇氣的時候，甚至表達愉悅心情的時候，我們已經不懂得如何把它們從內心深處調動出來。

我們的潛意識中否認恐懼的存在，從而使我們無法採取有效的行動，而是一味徒勞地去嘗試改變和控制無法控制的事情。更糟糕的是，我們將這些恐懼存儲於身體中，對心理和身體都造成了嚴重的負擔，最終身心疲憊，積勞成疾。事實上，人們的絕大多數恐懼都是完全沒有必要的，但是這種慣性的恐懼氛圍卻難以消除。嚴重者甚至可以將任何事都視作自己的恐懼對象：做生意擔心賠錢，吃飯擔心吃壞肚子，開窗擔心吹風受涼，大聲講話擔心隔牆有耳。這種人連仔細看清楚事實的勇氣都沒有，一味自以為是地沉浸在莫名其妙的恐懼之中，這就是「恐懼效應」。

心理學家把這種自我折磨的行為稱作「恐懼效應」，而大文豪雨果把它稱作「行刑前的最後幾小時」。陷入這種恐懼痛苦的人，會整日吃不下睡不香，無論對什麼活動，都沒有熱情，不能全身心地投入任何一件事。不管身處何時何地，他都會處於恐懼之中，而難以自拔。

很多人之所以會憂心失敗和貧窮將要降臨到自己身上，原因就是無知。當他們意識到自己完全具備成功的能力時，便會自動消除對失敗的恐懼。而自信心的缺乏源於對自身才能的過分低估。所以說，我們要建立起自己的自信心，有戰勝挑戰的信心和勇氣，就可以消除恐懼心理。

自信能夠幫助我們戰勝恐懼心理，讓我們越過眼前的障礙。事實上，人們之所以害怕很多事情，是因為不敢鼓起勇氣去做，不相信自己能夠做成。如果你相信自己，邁出第一步，說不定一下子就做成了，你害怕的結果並不會出現。

有一次，蕭伯納有急事要找校長。可是，當他站在校長室門前的時候，卻不敢敲門。他心裡非常著急，手卻抬不起來，他太怯懦了，害怕跟校長講話。蕭伯納站了一會兒，心想，既然鼓不起勇氣，不如走吧。於是，他轉身離開。

走了幾步之後，蕭伯納又站住了，他想：如果我這次走了，我就永遠是個怯懦的人，今天一定要進去！一定要把事情辦成！可是，再次走到校長室門口的時候，他又猶猶豫豫。最後，蕭伯納終於敲開了校長室的門，可是，由於他浪費了近半個小時的時間，他的要緊的事情已經被耽誤了。

經過這次教訓之後，蕭伯納決心徹底戰勝自己的羞怯和懦弱。蕭伯納開始試著在眾人面前講話，最初的時候，他的手腳總是在打哆嗦，有時候連語調都變了。但是，蕭伯納不再退縮，而是不斷訓練自己。慢慢地，他變得自信起來，講話的時候底氣十足，聲音洪亮，再也不羞怯恐懼了。

大多數處於彷徨期的人，都是被恐懼心理絆住了，與蕭伯納的少年時代又何其相似。因為恐懼未知，很多人怕羞、謙卑、多慮、愛面子、怕人恥笑，不敢按照自己的想法做事。對未來的擔憂會嚴重挫傷我們的自信心，讓我們對未卜的前途充滿惶恐，完全不相信自己將會取得成功。這樣一來，成功勢必將終生遠離我們。因此，我們要時時刻刻對恐慌提高警惕，一旦在自己的情緒中發現恐慌的蛛絲馬跡，就要馬上採取行動將其驅逐出去。

　　現實生活中，恐懼心理人人都有，我們並不能完全避免，而是要盡力克服。要想發揮自己的能力，超越自我，消除恐懼心理，保持信心非常重要。在嚴峻的現實和激烈的競爭面前，很多人在未行動前便敗給了自己，這是非常令人惋惜的事情。只有克服恐懼心理，我們做事的時候才能夠發揮自己的能力。一個人如果克服恐懼，他的心就會變得無比勇敢，他將不會懼怕未知，不再怯懦，而是用熱情和鬥志去面對未知，接受挑戰，不斷克服困難，成為一個不可戰勝的強者。

第四章

生活智慧：用心品味生命中的每一天

生活是一個大舞臺，每個人都扮演著屬於自己的角色，角色會因場景的不同而變化，但是你必須去創造屬於自己的精彩！然而，人生並非一帆風順，在你迷茫時，在你處於人生低谷時，在你缺乏自信和勇氣時，心理學效應或定律指引你走出困境，使你奮力前行。

狄德羅效應：高級睡袍綁架了誰

18世紀的法國有一位哲學家，名字叫作狄德羅。一天，狄德羅的朋友送給他一件高級的睡袍，狄德羅得到後視若珍寶，愛不釋手。從此狄德羅平靜的生活被打破了。他忽然發現自己居住的環境是那樣粗俗不堪，房間裡的一切物品都不能和高級睡袍相稱。於是他將「看不順眼」的東西一件件替換成更高級的物品。可他始終覺得心情不好。終於，狄德羅靜下心來細細思考，他發現自己竟然被一件高級睡袍綁架了，就把這種感覺寫成一篇文章叫《與舊睡袍別離之後的煩惱》。

二百年後，一個叫茱麗葉·斯格爾的美國人出版了《過度消費的美國人》一書，此書一經出版就受到廣大讀者的好評。在這本書裡，提出了一個新概念——「狄德羅效應」，或「配套效應」，專指人們在擁有了一件新的物品後，不斷配置與其相適應的物品，以達到心理上平衡的現象。

生活中「狄德羅效應」無處不在，為了滿足欲望的黑洞，人們無止境地追求。

買了件新上衣，就要配條新褲子，買了新褲子，當然要買雙新鞋子。好不容易把新鞋子買了回來，突然發現自己的手包與這套衣服並不相稱。新手包買回來之後還要滿足新手錶、新首飾、新髮型等一系列要求，這就是狄德羅效應真實的表現。當然，這裡所說的只不過是一個簡單的例子，不管職場上還是社會中，每個人都有可能受到狄德羅效應的擺佈。難道我們真的要成為狄德羅效應的傀儡嗎？

哲學家蘇格拉底的處理辦法也許能夠幫助我們。

一天，蘇格拉底的幾個學生從集市上回來，他們每個人懷抱著一堆東西對老師說：「您也應該去集市上看看，好吃的、好玩的、好聽的、好看的東西應有盡有。如果您去了，肯定會滿載而歸的。」為了不辜負學生們的好意，蘇格拉底同意了，他動身前往熱鬧的集市。

學生們都在蘇格拉底的家中等著老師，他們想看看老師究竟會買什麼新鮮玩意兒。過了半天，蘇格拉底回來了，只見他兩手空空，什麼也沒有買。看著大家詫異的目光，蘇格拉底笑著說：「集市的確很有意思，但是我覺得什麼都不需要。」

「不可能啊，老師您應該換一件新衣服。」一個學生說。

「對，您還需要一雙新鞋子。」另一個同學隨聲附和。

聽完學生的話語，蘇格拉底嚴肅地說：「我們每一個人都嚮往幸福的生活，為了得到奢侈的生活我們疲於奔波。可是，你真正覺得幸福嗎？不，幸福的生活往往很簡單，比如說一間屋子，必需品一件不少，多餘的物件一個沒有，這就是幸福。」

蘇格拉底不愧是哲學家，說出來的話語每句都是那樣精闢。不錯，狄德羅效應反映了人們對滿足欲望無止境的追求。身為凡夫俗子的我們同狄德羅一樣，認為高級睡袍就是富貴的象徵，應該與高級傢俱相配套，否則就會「心情不好」。正是這種心理左右了整件事情的發展，如果我們心中做不到像蘇格拉底那樣「坦然」，就會成為攀比、虛榮手中的「木偶」，一舉一動都受它們擺佈。

無窮無盡的新鮮刺激驅使人們不斷地滿足欲望。我們都是平常人，面對欲望難以克制是再正常不過的事，但我們都知道，妄圖滿足自己的一切欲望，將會使自己陷入欲望的陷阱，難以自拔。不要在大事小情上過度放縱自己，學會「防微杜漸」才是睿智人士的最佳選擇！

瓦倫達效應：為什麼不祥的預感很容易成真

有的人說自己能預見未來即將發生的不幸事件，有的人說自己能預測到關於死亡的資訊……這些預測究竟是怎麼回事呢？事實上，當人過度關注「不祥預感」的時候，就會產生強烈的視覺效應，導致精神不集中，進而導致聲稱的不祥預感發生。這就是心理學上的瓦倫達效應。

20世紀50年代，著名的高空走鋼絲表演者瓦倫達進行了一場空前絕後的表演。當時，有好幾個電視臺爭相同步直播這場表演。然而令人悲傷的是，這位著名的高空走鋼絲表演者不幸失足身亡。

不幸發生後，記者採訪了瓦倫達的妻子。令所有人驚訝的是，他的妻子說出了這樣的話：「在表演前的日子裡，我的丈夫就曾不斷地告訴我，他有不祥的預感，總覺得這次表演會出事。他連續幾個夜晚都夢見了自己失足墜下山崖的情形。」

這篇對著名走鋼絲表演者妻子的採訪見諸報端後，引起了不少人的譁然。人們開始懷疑人是否有預測自己死亡的能力。此前，在醫院裡，不少即將死亡的病人也曾透露在臨死前能預測到自己要離世，甚至坦言能見到去世的親人前來帶領自己。

於是，心理學家找到走鋼絲表演者的助手，想瞭解事情的究竟。結果，這位助手也表示瓦倫達在表演前曾透露自己有不祥的預感，並在表演開始之前不斷重複：「這次表演太重要，不能失敗。」這下，心理學家終於找到了瓦倫達失足之謎。

從心理學上來看，當人非常在意某件事情，大腦就會按照心裡的想像不斷刺激人的神經。當人不斷提醒自己會失足，那麼失足的影像就會在腦海裡呈現，從而影響人對其他事情的關注力。當人的身體出現重病的症狀，人的心裡就會產生死亡的影像，如去世的親人、自己離世的樣子，等等。當這個人真的去世，這些預測就變成真的了。事實上，人並不能預測自己死亡的資訊，這些假象只不過是人心理的關注點。

此後，心理學家將有不好的預感導致不能專注事情本身的現象稱為瓦倫達效應。這是由於不祥的預感形成強烈影像，主導人的神經，使人的注意力不能集中在所從事的事情上，才導致的失敗或者是不幸。

事實上，這也可以用心理學上的瓦倫達效應來解釋。當人們覺得自己好像越來越倒楣的時候，倒楣這個負面的影像就會充斥在腦海中。於是，人們走在路上的注意力都會固定在腦海中的「倒楣」上，最後常常由於精神恍惚導致跌倒或者發生其他不幸事件。這也是很多算命先生說某人「時運不濟」的時候，最後多數能變成真實事件的原因。

曾經有幾位旅遊者路過某個山村，由於當時天色已晚，他們找到村長，希望能入村借住一晚。

村長覺得麻煩，就拒絕了他們。眼看周圍一片荒寂，要找住宿的地方實在不容易，如果露天而宿，又擔心會有危險。這幾位旅遊者頓時非常焦急。

這時，有位旅遊者對村長說自己有神奇的煉金咒語，能用石頭煉出金子。

只要村長答應讓他們借宿，他就把煉金術傳授給村裡人。

村長一聽非常高興，立刻答應了他們的要求。

很快，村長就召集了全村村民，讓大家學習煉金咒語，共同致富。接著，這位旅遊者站在人群中，向所有村民傳授了一串奇妙的咒語。他對村民說：「你們全神貫注地盯著石頭，念咒語一千遍，石頭就能變成金子。但是，這裡有個禁忌，就是在念咒的過程中，你們不能想喜馬拉雅山上的猴子。只要你們當中有一個想了喜馬拉雅山上的猴子，那麼這個煉金術就會失效。」

大約過了十分鐘，所有村民都把咒語念了一千遍，可石頭還是沒有變成金子。村長就問：「你們有誰想過喜馬拉雅山上的猴子嗎？」結果大多數人都舉起了手。村長搖了搖頭，最後還是履行了讓旅遊者借宿的承諾。

當一個人過度關注或者不願去關注一件事時，就會變得特別關注這件事。瓦倫達不斷告誡自己要小心，千萬不能失足，結果就失足了。這些村民不斷告誡自己不能去想喜馬拉雅山上的猴子，結果還是去想了。如果你不信，可以念上某句話一千遍，並要求自己不去想喜馬拉雅山上的猴子，看看結果怎麼樣！

順序效應：順序不同，感受不同

幸運的人會覺得自己越來越幸運，倒楣的人會覺得自己將會越來越倒楣。事實上，每個人的心理都會有這種順序遞增的心理。因此，心理學家將這種由於順序遞增對人心理產生影響的現象稱之為「順序效應」。

日本心理學者曾到各大醫院的收費處進行觀察，結果發現收費人員的表情跟繳費人員排列的隊形有著緊密的關聯。

當收費人員面對一群鬆散的、雜亂無章、沒有佇列形狀的繳費人員，他們就會產生煩躁的心情，從而使眉心糾結在一起。相反，如果收費人員面對的是一群有秩序的繳費人員，以「1」字形整齊排列，他們就會感覺到情緒平靜。

通過這個調查，心理學家認為人天生喜歡有順序、有次序、整齊的事物。雜亂無章的事物會讓人感覺到壓抑和壞心情。

於是，心理學家又將從1到10的阿拉伯數字以四個到八個數位為一個數位列排列起來。其中幾組數位列是有順序排列的，幾組數位列是毫無規律排列的，然後讓參加實驗的物件挑選最喜歡的數位列。結果發現，人們選出的是以四個至五個數位為單位的有規律的數位列，如12345、34567、98765等。其中，含有2、6和8的數字列特別受歡迎。

心理學家還發現面試時的面試官也會受到數位和順序的影響。在有多名面試者的情況下，面試官一般會非常注意第一位面試者，也會格外注意到最後一位面試者。另外，當面試者的編號是2、6、8或者是面試官喜愛的數字時，面試官也會帶著期待的心情來面試這位面試者。

此外，心理學家還發現一個有趣的現象：如果第一位、第二位和第三位面試者都非常出色，那麼面試官會認為接下來的人將表現得越來越出色。他主觀上的認定程度甚至都超過了這些後來面試者的實際情況。反之亦然。

於是，心理學家將人們這種由於數字上的差別或者是順序遞增對人心理產生影響的現象稱之為「順序效應」。

「順序效應」具有三個特徵，分別如下：

第一，通常情況下，人們在回憶過去的經歷之時只會想起一些零散的片段，而不是完整的細節過程。影響人們回憶的因素包括苦樂順序的發展傾向、最高點、最低點、結尾。

第二，一般情況下，人們更喜歡連續多次的進步感受。例如，買彩票的時候連續中兩次二百元，要比一次中四百元更能夠讓人們高興。換言之，進步越大，人們的喜悅程度會越高，與虎頭蛇尾相比，人們更享受雞頭豹尾帶來的樂趣，就算虎頭蛇尾帶來的實際效益要比雞頭豹尾高得多。

第三，兩個刺激的出現的客觀順序實際上並不會影響它們的本質，但是人們基於一種習慣會對先出現的刺激或是後出現的刺激的評價誇大或扭曲，這就是順序效應。比如面試官在對多名面試者按順序進行評定的時候，經常會受到面試先後順序的影響，從而不能完全客觀地看待每位面試者。通常情況下，假如一個面試官連續面試了三個條件很差的面試者，即使第四名面試者表現很一般，面試官對他的印象也會大大加分；同樣地，假如一位面試官連續面試了三個非常優秀的面試者，如果第四個面試者表現一般，那麼面試官會覺得他的表現非常差，且評定結果比他的實際情況要差得多。

在現實生活中，我們會經常遇到順序效應。比如一個女孩要依次和五名男孩相親，她對這些男孩的印象也會受到順序的影響，這和麵試官對面試者的評定會出現順序效應的原理相似。

好消息和壞消息的公佈技巧實際上也是利用了「順序效應」。這是因為好消息和壞消息出現的順序會影響人們的感受。通常情況下，先聽到好消息再聽到壞消息，即使這個好消息跟那個壞消息毫無關係，人們也會因為壞消息的影響產生一種好消息也「泡湯」了的感覺。而先聽到壞消息再聽到好消息，人們則會產生一種「失而復得」的心理感受，從而沖淡了壞消息帶來的不愉快。

總而言之，對於個人來說，合理安排事物的先後順序，不僅能夠獲得更好的機遇，也能夠得到更多的快樂。

黑暗效應：為什麼酒吧裡的燈光都很昏暗

要找一家光線昏暗的酒吧非常容易，要找一家寬敞明亮的酒吧估計不是那麼容易的事情了。為什麼酒吧的燈光都是昏暗的？為什麼情調咖啡廳、西餐廳的燈光也都是昏暗的？

英國的心理學家為了研究這個有趣的現象，找來了約一百名喜歡酒吧夜生活的志願者參加實驗。首先，心理學家讓這些志願者在寬敞、明亮的酒吧裡飲酒，這些志願者的飲酒量均低於以前。他們喝了幾瓶啤酒後，都表現出渾身不適、如坐針氈的現象。一周後，心理學家又讓這些志願者和其他客人在同一間酒吧裡飲酒。這一次，酒吧裡燈光昏暗，人潮擁擠，這些志願者保持了以前飲酒的水準，有的甚至超過了之前的飲酒紀錄。

同一間酒吧，同一群志願者，第二次試驗中志願者的飲酒量超過第一次的

40%。換句話說，昏暗擁擠的酒吧環境能讓顧客喝更多酒。

心理學家將人在昏暗的環境裡減少了防備、戒備之心，提升安全感和親密度的現象稱為「黑暗效應」。

當一個人處在伸手不見五指的環境裡，他會因為未知而感到恐懼。可當人處在昏暗、能視物的環境裡，則會卸下恐懼感，提升安全感。因為昏暗的環境讓人免去了暴露在光明中的尷尬。在明亮的環境中，人們會顧忌形象，不敢喝太多酒。再加上寬敞的空間容易讓人產生疏遠感，從而降低和「不親密」人喝酒的欲望。

當人處於昏暗的環境裡，就不會有這些擔心。人們不用擔心喝酒使臉變得通紅，甚至是失態。擁擠的酒吧讓人們有身體上的接觸，這就會使人在酒精的作用下產生「親密」的誤解，從而卸下心防，喝下更多的酒。這也是為什麼昏暗的、擁擠的酒吧更受歡迎的原因。

昏暗的環境不僅能給人帶來安全感，還能增加情趣。同樣一頓晚餐，在燭光下吃和在日光燈下吃是截然不同的效果。這個世界上，恐怕再也沒有能比燭光晚餐更能製造浪漫的環境了。

美國的餐飲研究中心曾經在街上隨意找了十對不認識的陌生男女，並為他們提供免費的燭光晚餐。晚餐結束後，十位女士中有八位表示願意考慮和共餐的男士有進一步的發展，十位男士中有五位表示可以和共餐的女士考慮進一步發展。

在這個研究裡，我們也可以發現女士比男士更容易受到黑暗效應的影響。這主要是由於通常環境下，女性比較容易陷入主觀情緒，而男性則顯得比較理性。

這個研究也告訴我們，漂亮的女性千萬不要在昏暗的酒吧裡尋找伴侶。因為昏暗的酒吧環境和肢體上的親密接觸容易讓人產生曖昧的情緒，甚至產生愛情的誤會。當離開酒吧後，女性則多數會延續這種誤會，而多數男性的理智則讓他們戰勝主觀情感。這也是為什麼酒吧被稱為愛情墓地的原因。

安慰劑效應：安慰不只是安慰

人們常常引用「安慰劑效應」。其實，安慰劑效應本質上是個科學問題或者說是醫學問題，到目前仍是個謎題。只不過它被認為與心理狀態的關係非常之大，且在生活中有許多類似安慰劑效應的現象存在，因而也被引入了心理學，用來說明人們的一種心理狀態。

「安慰劑效應」是由畢闕博士在一九五五年提出的。所謂安慰劑效應，是指雖然病人得到的治療藥物在實際上沒有任何治療作用，但他們卻「預料」或者說「相信」藥物有療效，從而使病症減輕的現象。注意，這種病症減輕不是假像，而是真正意義上的減輕，這也正是此效應令科學界和醫學界百思不得其解，而令心理學界頗感興趣的原因所在。

當然，「安慰劑效應」實際上無法達到長期、普遍、有效的治療。通常安慰劑效應只對那些渴求治療、對醫務人員充分信任的病人有作用，這些病人被稱為「安

慰劑反應者」。而且，即使對「安慰劑反應者」，安慰劑也無法達到長期有效的作用。但是，世界上畢竟存在安慰劑效應，且從各個角度來看，這種效應顯然與心理反應脫離不了關係。因而它也就有了被研究並被應用的價值。

醫務人員可以激發出病人的安慰劑效應，生活中同樣有許多誘因，可以激發出安慰劑效應。比如，幾個「宅人」終於走出家門，到野外郊遊。當他們揮汗如雨到達山腰時，被眼前難得一見的碧水、清泉、草甸、繁花深深吸引，不禁感到胸中積鬱的濁氣隨著呼吸消失殆盡。休息時，一個人遞給同伴水壺，同伴喝了兩口後，立即感慨道：「這山上的泉水就是甘甜，都甜到我心裡去了。咱在家裡啥時候喝過這麼好喝的水呀。」這個人不禁笑道：「什麼泉水，這是我在家灌的冰開水呀！」幾個人不約而同地哈哈大笑。不過他自己喝了兩口，也覺得這水格外甘甜，完全不似在家時喝的水。

水其實沒有任何變化，只是他們身處一個格外舒適的環境裡，身心都處於一種極度愉悅的狀態中，此時安慰劑效應最容易發揮作用。因此，白開水變成了可口的山泉，即使後來知道那原本就是普通的水，也覺得格外可口。

在醫學中，安慰劑必不能為受試者所知，否則，就會失去安慰劑效用；而且，據研究，醫學上的「安慰劑反應者」通常是具有容易交往、有依賴性、易受暗示、自信心不足、好注意自身的各種生理變化、有疑病傾向和神經質等人格特點的人。

比如之前的幾位「宅人」，因為環境變化，進入美好環境中，使他們容易產生身心愉悅的感覺。此時，其實環境本身已經給了他們一劑「安慰劑」，使他們在城市裡和家裡感受到的鬱悶痛苦被釋放出來，彷彿吃了仙丹妙藥。很多難題也被擱置一旁，好像已經處理掉了一樣。

需要注意的是，這種愉悅不僅僅是暫時的、一閃而逝的。實際上這種感覺會在人的心中留下痕跡，使人即使回到舊有環境中，也不會立刻回到原來的不好的狀態，而會以比原來更為積極的心態迎接生活的挑戰。這也是經常參加戶外運動的人看起來會比「宅人」更健康，精神狀態更好的原因所在。因為「安慰劑」不只用於安慰，而是真正起著愉悅身心、調節心理健康的作用。

維特效應：揭秘自殺島的傳說

「維特效應」是源自於德國著名作家歌德發表的小說，名為《少年維特之煩惱》。當時，這部小說有著非常強烈的時代精神。小說主人公維特的精神和性格以及他對時代的思考，都非常深入人心。最後，小說的主人公維特在經歷種種人生的閱歷後自殺身亡。

小說發表後，一時間在整個歐洲引起了模仿維特自殺的風潮。後來，心理學家就將這種自殺情緒的遷移和模仿稱為維特效應。

在澳大利亞北部，有兩座世界上自殺率最高的雙子島嶼，名為巴瑟斯特島和梅爾維爾島。它們距達爾文港僅26英里。島的面積差不多只有一所普通學校那麼大，人口也從未超過二千人。但是，就在這兩個巴掌大的島上，平均四個人裡就有一個人有過自殺的欲望，並有一個自殺身亡。根據近十年來的統計，這個島上的居民的平均壽命只有45歲。

不僅巴瑟斯特島和梅爾維爾島的自殺率之高讓人咋舌，這裡還流傳著詭異的傳說。年輕的小夥子埃爾博塔有個漂亮的女朋友美茵，兩人的感情非常好。為了慶祝兩人交往一周年，兩人相約來到鎮上的酒吧喝酒。

在當地，酒吧有一個非常奇怪的傳統——白天開放，夜晚打烊，所有的酒吧都在傍晚六點的時候就打烊。這天，埃爾博塔和美茵是在下午兩點的時候到達酒吧的。兩人在歡快的音樂和迷幻的燈光中越喝越多，並在詭異的乾冰製造出來的白煙中陷入了飄飄欲仙的境界。到了傍晚酒吧打烊的時候，埃爾博塔和美茵還是不肯離去。酒吧的工作人員開始驅趕埃爾博塔和美茵，可兩人還是不願意離開。就在酒吧的大鐘敲打了六下的時候，埃爾博塔突然發瘋似的沖出酒吧，爬上附近醫院的樓頂，然後縱身跳了下來，自殺身亡。

在這個鎮上，像埃爾博塔離奇地死亡的情景，幾乎每天都在這兩座島嶼上演。更令人感覺到不可思議的是，在埃爾博塔自殺身亡後，他的家族成員和朋友還會相繼自殺。

就在埃爾博塔葬禮舉行的那一天，埃爾博塔的女友美茵指責埃爾博塔的姑姑是惡靈，然後殺死了她，並自殺。不久，埃爾博塔的弟弟和校友也以同樣的方式在醫院的樓頂結束了生命。

這一切不可思議的現象都被當地人歸結為詛咒。傳說，雙子島嶼的最早居民普魯卡帕裡和畢馬夫婦為了孩子的婚事起了爭執。母親畢馬為了不讓自己的兒子和另外一個島上的姑娘結婚，把兒子活活曬死在太陽下。身為父親的普魯卡帕裡盛怒之下打死妻子，然後抱著兒子的屍體走向大海。在臨死前，普魯卡帕裡發誓要把死亡資訊帶給整個島嶼。因此，島上有不少居民相信巴瑟斯特島和梅爾維爾島都遭到了詛咒。

這個世界上真的有詛咒存在嗎？心理學家為了揭開這一系列詭異的現象，對這兩個島嶼進行了深入的調查。結果，心理學家發現，在20世紀初的時候。英聯邦殖民者為了統治雙子島，不僅殺死了當地強壯的青年，還扼殺了當地的所有文藝傳統。到了一九七二年，澳大利亞政府重新得到雙子島的自治權，開始為島上的人們提供經濟補助。因此，島上的人民沒有工作，也沒有任何文藝活動，整天都是靠參加葬禮和喝酒過日子。當他們喝醉後，就會聯想到島上詭異的「詛咒」，進而產生模仿自殺的想法，陷入了心理學上的維特效應。

維特效應的產生是由於人們對生活某種感悟產生了共鳴，繼而產生悲傷、消極、痛苦情緒的遷移，嚴重者會產生自殺的模仿行為。舉個例子，當一位好朋友跟你痛述被男友拋棄，或者被親人傷害的時候，如果你也有類似的感悟或者體驗，你就會產生共鳴，並且陷入悲傷的情緒。這個時候，好朋友的悲傷情緒就遷移到你的身上。

自殺現象的產生有時候是來自於一種模仿，有時候是來自於一種嘗試。當前，美國網路興起的自殺協會、自殺友人聚會等都是出自於人們對自殺的好奇心理所組織的一種協會。當眾人都告誡這些自殺協會的人說：「自殺是一種不可以嘗試的行為。」那麼，他們就會產生反嘗試的心理。這種心理是：你說不行，我偏偏要去做，並證明給你看，你的想法是錯誤的。

當人們將這種反嘗試心理放到負面的事件上，那麼就極有可能產生嚴重的後果。作為世界三大禁曲之一的《黑色星期天》，就曾引起一波自殺的反嘗試浪潮。

《黑色星期天》於一九三二年誕生於法國，在一九四五年被歐洲各國聯合銷毀。該歌的旋律憂傷，能帶給人巨大的悲傷情緒，聽這首曲子就像在傾聽一個亡靈在演奏。在這首歌曲存在的13年裡，聽過完整版的人紛紛自殺。數以百計的自殺者均留下遺書，聲稱無法忍受該歌曲的「憂傷旋律」。

據《紐約時報》記載，聽完這首魔鬼之音去自殺的第一人是一位軍官，他在無意中聽到了這首曲子，然後吞槍自殺。接著，某位女警官為了調查軍官的死因，就聽了他生前留下來的這盤帶子，最後也留下遺書自殺身亡。至此，《黑色星期天》是魔鬼邀請曲的傳聞就在人群中傳開。不少人抱著反嘗試的想法去聽這首曲子，結果由於意志力薄弱，受到曲子的暗示效應，紛紛自殺。三個月內，有上百個匈牙利人因為這首曲子自殺身亡。這則新聞被報導後，又引發了全歐洲人爭相模仿和反嘗試的行為，從而導致一波自殺狂潮。這就是反嘗試心理帶來的可怕連鎖反應。

後來，鑒於《黑色星期天》的可怕感染力，它的原曲均已被銷毀。在網路上已經無法尋找到完整的曲子，只能聽到一些改編後的片段，心理學家也聲稱改編後的《黑色星期天》已經沒有了原來的「魔力」。

責任分散效應：對著一群人求救，得不到救援

碰上搶劫已經夠倒楣了。如果碰上會心理學的歹徒，那麼又會是怎樣的一番情景？一份刑偵檔案裡記錄著一個屢屢作案的搶劫犯，他創下作案三百十八宗都不曾被捕的紀錄，成為連續30年內當地犯案率最高的罪犯。

據說這位搶劫犯曾在大學裡進修過心理學。他和其他作案歹徒有一個非常不一樣的特徵：一般搶劫犯會尾隨目標人物到人少或無人的地方再下手，可這位歹徒卻偏偏挑選大型超市門口、醫院門口、熱鬧的夜市這些人流多的地方作案。令人疑惑的是，每次這位狡猾的歹徒都能在眾目睽睽之下成功地逃走。

生活中，我們也曾見過這樣的場景：搶劫錢財的歹徒毫無障礙地跑出好幾米，受害者高呼「抓賊」卻無人理會；不慎溺水的人在河裡掙扎，岸上圍觀了一大群人，卻沒有人下水救人。為什麼會出現這種現象呢？

很多人將其歸結為人情冷漠。心理專家對旁觀者見死不救的行為做了深入的調

查研究，發現這類現象背後有著獨特的心理原因，並將其稱為責任分散效應。

責任分散效應也叫旁觀者效應，它是指對某一件事來說，如果一個人被要求單獨完成任務，責任感就會很強，會做出積極的反應；如果是要求一個群體共同來完成任務，群體中的每個個體的責任感就會變弱，從而產生面對困難或遇到責任往往會退縮的現象。因為前者獨立承擔責任，而後者期望別人多承擔點兒責任。

我們假設搶劫犯在一個有10個路人的環境裡作案，那麼這10個旁觀者就會意識到自己有十分之一的「助人」責任。當這個搶劫犯在一個有100個路人的環境裡作案，那麼這100個旁觀者就會感覺到自己只有百分之一的「助人」責任。在後一個的環境裡，人們會想：不是還有那麼多的人嘛！我不出手，會有那麼多的人出手。因為這樣的心理，所以導致目擊者徹底把自己當成了旁觀者。

心理學家約翰・巴厘和比博・拉塔內為了對旁觀者的無動於衷、見死不救做出解釋，進行了一個模擬實驗。他將72名不明真相的參與者分別以「四對一」和「一對一」的方式和癲癇病患者保持距離。結果發現，當癲癇病假扮者大呼救命時，在一個人的小組裡，有85％的人衝出去報告有人發病；而在有4

個人同時聽到癲癇病者呼救時，只有31%的人採取了行動。

通過這個實驗得出的有趣結論是：當人們處於越多人的環境裡，獲救的機會就越低。相反，當人們處於只有一個人或是極少數人的環境裡，獲救的機會反而大。

尤其是當人們在「一對一」的環境裡，他會清醒地意識到自己的責任，並毫不遲疑地盡力對受害者展開援救行動。因為如果他見死不救的話，他會產生罪惡感和內疚感。這是一個沉重的心理負擔，為了不要背負這個負擔，人們就會選擇盡力去幫助別人。也就是說，當人們遭遇到搶劫，與其對著人群呼喊求救，不如對前面的小夥子說：「嘿，那位穿藍色衣服的大哥，快！伸腳攔住那個小偷！」這樣做會將分散的責任集中在一個人身上，他接受到責任就會立刻做出反應。

指定向哪個人求救也有技巧。首先，指定的責任人要明確，比如「前面穿黑色T恤的年輕人」、「穿米色風衣的歐吉桑」……或者在求助的時候面對面向指定人求助，因為直視具有明確的指定性，能使人意識到自身的責任感。其次，向距離最近的人求助，比如不慎溺水的人一定要向距離岸邊最近的人求救，因為近距離能增強人的責任感，遠距離能給人帶來疏離感。

凡勃倫效應：每個人都無法逃脫名牌情結

經濟學上將這種在商店裡的物品，價格越高越能引發人們購買的欲望，價格低的物品反倒容易陷入滯銷的反常現象稱為凡勃倫效應。它還有一個通俗的叫法，名為炫耀性消費。

心理學家為了驗證凡勃倫效應的真實性，特地邀請了30名企業家、30名中產階級的志願者和30名經濟條件一般的志願者做了一個實驗。他們將兩件相同的衣服分別放在街邊和百貨公司的專櫃裡銷售。同樣的衣服，在路邊標價20美元，而在百貨公司裡卻標價300美元。接著，分別請這些志願者先到這件衣服的路邊叫賣點看衣服，讓他們觸摸衣服的質地和試穿，再請他們到商店的專櫃裡看同樣的衣服，然後請他們做出購買的判斷。

結果發現，有30名企業家、19名中產階級、12名經濟一般的志願者表示在經濟允許的條件下會購買商店專櫃的衣服，僅有兩名中產階級和七名經濟條件一般的志願者表示會考慮路邊叫賣的那件衣服。其他人則表示無法承擔商店專櫃的價格，但也不購買路邊的那件衣服。

在這個實驗中，85％的人認為路邊叫賣的衣服肯定是假的，12％的人認為說不準，無法分辨，剩下3％的人認為兩件衣服是一樣的。

同時，30名企業家表示一定要購買商店專櫃的衣服，他們認為如果購買路邊的衣服被業內人士發現會非常丟臉。30名中產階級人士則表示商店專櫃的衣服有品質保證，有條件的話絕對不會購買路邊的衣服。真正令人意外的是剩下的30名志願者中有25人表示如果某天經濟寬裕的條件下，會購買那件標價300美元的衣服。從這個實驗中，我們可以看出任何經濟階級的人都逃脫不了「凡勃倫效應」的影響。

事實上，「凡勃倫效應」也是「名牌效應」。人們對商店專櫃裡衣服的偏好是因為人們存在著一種普遍的認知：商店裡銷售的都是正品、高檔次的商品。而正品、高檔次的商品是一種身份的象徵。

世界著名服裝品牌香奈爾集團曾做過各大白領企業進行正品和仿冒品購買欲望

的不記名問卷調查。結果發現，70%的女性表示如果經濟不允許購買奢華服裝的專櫃正品，那麼會乾脆不購買同款式的仿冒品。僅有10%的女性表示可以考慮購買仿冒品。剩下20%的女性表示要看仿冒的真偽程度才能確定是否購買。

而這些參與調查的女性都表示購買專櫃裡奢華的衣服是一種身份的象徵，不購買仿冒品是害怕被拆穿後帶來的尷尬。

那麼，為什麼人們會願意選擇正品、高價的物品呢？

首先，當人們購買下某個奢華品牌的物品，心裡就會產生「成功」的榮耀感，並以持有該奢華物品為外在身份的象徵。

其次，這是由於人們普遍存在的錯誤認知導致的。人們潛意識裡會認為高價的、昂貴的、稀少的、艱難獲得的物品才是好的物品。

相反地，廉價的、繁多的、容易獲得的物品都是品質低劣的產品，並能影響持有人外在的形象。

類似的心理還有：「只有勤奮和艱苦才能獲得成功」、「不經歷風雨怎麼見彩虹」、「成功來自於99%的汗水和1%的天分」、「梅花香自苦寒來，寶劍鋒從磨礪出」……這些都是人們對「艱苦」得來東西的普遍認知。這種認知也跟長輩喜歡從小用「艱苦」來教育孩童有關。當這些孩子們長大後，艱苦的意識就會根深蒂固地生長在他們的心裡。

所以，現在越來越多的年輕人喜歡「折騰」。他們的「折騰」就來源於這種「艱苦式」的心理狀態。他們認為越是容易做的事情越沒有價值，容易得來的工作不值得珍惜；越是難以追求的，越想爭取到手。這類型的人，處理事情通常不是從兩點之間的最短距離去下手，而是喜歡兜一個大圈子，最後常常是事倍功半。所以，當你活得非常艱辛、非常折騰的時候，一定要檢查一下自己是否墮入了艱苦式的「凡勃倫效應」的怪圈裡了。

鴕鳥效應：一味逃避真能帶來安全嗎

鴕鳥原產於非洲沙漠中，成群結隊地生活，長著巨大的翅膀卻不會飛翔，當遭到天敵攻擊時，鴕鳥會將脖子平貼在地面，身體蜷曲一團，以自己暗褐色的羽毛偽裝成石頭或灌木叢，只露出頭部。這種習性後來被人們誤認為是鴕鳥在遇到危險時只會把頭鑽進沙子。即便後來有學者指出，除了覓食，並沒發現鴕鳥會通過將頭鑽入沙子躲避危險，但「鴕鳥效應」這個說法還是越傳越廣，甚至「將頭埋進沙子」成為有諷刺意味的回避危機的代稱。

「鴕鳥效應」是一種逃避現實的心理，這種心理引致不敢面對問題的懦弱行為。現實生活中符合鴕鳥效應的事例比比皆是。

有的人很愛面子，工作勤勤懇懇，當工作中遭受挫折時，他會避免去談起，即使別人出於關心而問起，仍死命撐住，強顏歡笑，裝得一切正常。

有的人業餘時間炒炒股票，希望賺點兒外快，但往往在牛市中不敢追漲，在熊市裡不敢斬倉，被套牢後就乾脆連盤也不看，採取回避態度，既不止損也不調倉，坐等股價自己漲上去。

某地生活供水水源遭受污染，居民出於本能，爭先恐後搶購礦泉水、純淨水等一切瓶裝水。此事在網上發佈後引起公眾極大關注，而當地有關部門卻出來說，居民們「生活正常」，大家都多慮了。

這些現象都是「鴕鳥效應」，可悲，可憐。因為逃避顯然不是解決這些問題的首選，逃避往往讓事情無可挽回。

如今我們的生活、工作壓力巨大，很多人面對壓力時往往採取掩耳盜鈴的回避態度，難怪鴕鳥效應深入人心。但是，就像科學家為鴕鳥翻案一樣，我們在遇到困境時，何不積極應對呢？面對壓力和各種問題，我們應該想辦法去緩解，去解決，而不能選擇逃避，否則壓力會越來越大，問題也會變得越來越複雜。遇到危險或者困境就把頭埋在沙堆裡，或許能獲得暫時的安全，然而卻不能保證次次都能全身而退。每個人都會碰到這樣或那樣的困難，面對它們，我們應該主動、勇敢地去承擔，去突破，去戰勝。

美國曾有一項專門針對行銷人員的長期調查研究，研究的結果表明：在第一次拜訪遭遇挫折後會有48％的行銷人員選擇放棄，在第二次、第三次及第四次的拜訪遇到挫折後也會分別有25％、12％及5％的人放棄，堅持到最後的人往往不會超過10％。正是因為這不到10％的人能夠低調地把挫折視為理所當然，鍥而不捨、毫不氣餒地繼續努力，最終獲得成功。

孔子曾說：「臨大難而不懼者，聖人之勇也。」生活與工作中，我們常常遇到阻礙與困境，如果不能保持清醒的頭腦，選擇逃避，可能會因此失去成功的機會。而恐懼不但於事無補，還會擾亂心智，影響判斷，乃至使決策失誤。人們常說，主動出擊，是最好的防禦。拒絕做一隻逃避的鴕鳥，迅速採取行動，果斷承擔責任，這樣才能避免出現更大的損失。

角色效應：正確進行角色定位

有對先後相差一小時出生的孿生姐妹，外貌長得極其相似，穿著打扮也一模一樣，旁人常常因此而把她倆搞錯。她們從小學、中學甚至大學都在同班學習，但性格卻迥異：姐姐性格開朗，好交際，責任感強，處理問題果斷，較早地具備獨立生活和工作能力；而妹妹則遇事缺乏主見，性格內向，不善交際，依賴性強。

為何同一父母，處在同一生活和學習環境、受到同樣教育的姐妹倆，性格有如此反差？主要是她們在家庭生活中充當的角色不同。按照世代相傳、不成文的規矩：在多子女家庭，老大要時時處處做弟妹的榜樣，對弟妹要謙讓，對弟妹的行為負責。同時要求弟妹聽兄姐的話，遇事需多與兄姐商量，因此老大的性格一般比較溫和、持重。這樣，角色地位要求姐姐具有責任感，具備獨立生活和交往的能力，充當妹妹的保護傘；妹妹則始終處在被支配和被保護的地位。長此以往，她們的性格特徵當然就有了明顯的差異。足見不同的角色，會產生不同的心理效應。

「角色」一詞原指戲劇、電影中的人物。演員在劇中扮演什麼樣的角色，其言行舉止、心理活動必須符合所擔當的角色形象。「角色效應」是指人們在社會生活中充當不同角色時，其個性心理傾向和個性心理特點受所任角色制約，自然而然地產生與角色相符的心理表現。這種因不同角色產生不同心理表現的心理現象，稱為「角色效應」。

角色與心理表現理應存在對應關係。若是兩者之間一致的話，就稱作是「相符角色」。例如，一個人，在提拔擔任領導幹部前，他只是一個普通職工，平時說話可能比較隨便，對同事中一些不良現象礙於情面而不敢大膽批評等。但一旦提拔後，意識到領導角色的要求，於是努力改變那些諸如講話隨便、嬉笑失度等不合領導角色的表現，時時嚴格要求自己，原則性要強些，對於那些有違職業道德的行為需要直言批評。這就是相符角色。如果不是這樣，還是像一般工作人員那樣，這就是角色與心理表現不相符。

這裡有兩種情形：一種是雖然角色與心理表現不相符，但其心理表現還是能為人們所接受，甚至受到稱讚。例如，此人在擔任領導後，一如既往與同事親密相處，但不徇私情，堅持原則，雖然同事對這種「一本正經」感到不習慣，但還是受到大家歡迎。另一種是角色與心理表現不相符，同時又違背社會生活準則。如擔任領導後，主觀武斷，處事不公，以權謀私等，那麼理所當然受到譴責。因此，隨著角色的轉換，角色心理也要隨之轉變，使之與角色相符，這是非常重要的。那麼，角色效應對我們有什麼要求呢？

一、正確進行角色定位

人們對一定的角色總有一定的角色期望。在單位裡，領導是職工的領頭人物，在職工和社會各界心目中具有崇高的地位，是效仿的楷模，因此，理應嚴於律己，克己奉公，發揚民主，待人和善，處事公正，努力做到「學問為師，身正為範」，言必行，行必果。但回到家裡，他對於老婆來說不再是「領導」角色了，就是家庭一員，所以要協助老婆做家務，平等相待，生活上相互關愛，共同承擔起教育孩子的責任。倘若還是像在單位裡那樣處處擺領導架子，把老婆當成下屬一樣對待的話那他可要倒大楣了！

久而久之，一定會出現婚姻危機。一些人擔任領導後，忘乎所以，自以為是，高踞他人之上，甚至「一人得道，雞犬升天」，忘記了自己的主要任務是為公眾服務，那麼勢必與公眾拉大心理距離，最後為千夫所指。何時、何地、何事當何角色，就要想該角色該做的事，千萬不要角色錯位。

二、經常進行角色轉換

由於個人一定時期、場合所扮演的角色不一樣，其心理狀態也可能迥異。有些人常常僅僅從自身的角色地位去思考問題，沒有設身處地地為他人著想，因此難免與他人產生矛盾和隔閡。

所以，人們應善於角色轉換，多站在他人的地位想想，進行心理置換。這樣容易理解他人、瞭解他人，從而有效地相互溝通，有效地進行教育引導，提高工作實效。不忘自己的角色，又善於忘掉自己的角色，進行角色轉換，這樣的人，一定是一位受人尊敬和歡迎的人。

蔡氏效應：實現目標的好幫手

「蔡加尼克效應」也稱做「蔡氏效應」。它是心理學名詞，來自蘇聯學者盧瑪・蔡加尼克。蔡氏效應常與初戀連在一起，即初戀往往稍縱即逝，而能給人留下印象深刻的記憶！

「蔡氏效應」是指當我們的任務沒有完成，目標還未實現，我們的大腦中就有一個聲音不斷提醒我們去完成任務、實現目標。任務一旦完成或目標一旦實現，我們腦海中的那個聲音就會消失。

20世紀20年代中期，柏林大學的一群學生到餐廳用餐，他們告訴同一個服務生自己要吃的食物，這個服務生沒有用紙筆記錄，憑藉自己超強的記憶力為每個學生端上飯菜，並且完全沒有出錯。學生們吃完飯，離開餐廳。其中有一名學生將一些東西丟在餐廳，於是返回去尋找，但是他一無所獲。接著他找到那個服務生，希望服務生憑藉超強記憶力幫自己找回東西。但是這個服務生不知道他當時坐在什麼位置，因為他都不記得這個學生來餐廳吃過飯。這名學生問服務生為什麼在極短的時間內，就將事情全部忘記了？服務生說，他的任務是把顧客的單子記到上了菜為止。

服務生的目標為讓顧客吃到飯菜，所以當他準確記憶每個人的單子後，他的任務並沒有終結。因此他的大腦就會有個聲音不斷提醒他具體的下一步行動，也就是將每人的飯菜毫無錯誤地送到他們面前。當顧客準確無誤地享用到飯菜後，服務生的大腦意識到任務完成，目標實現，因此不會再提醒他去記憶，這也是為什麼當一名丟失東西的學生找到他時，他卻不記得這名學生曾經來過。

對於蔡氏效應的形成，心理學家們一直有多種解釋。一種解釋說無意識腦在向有意識腦求助，就像孩子拽著大人的袖子希望引起大人的關注和幫助一樣。這說明無意識腦是在催促有意識腦去完成任務，實現目標。還有一種解釋是無意識腦一直在跟蹤並瞭解目標實現的進度，人之所以會出現擾亂思維的事情，是因為無意識腦為防止目標中斷，一直催促著你。既然蔡氏效應對人們未完成的目標有提醒與監督作用，那麼利用這一點能有效促進人實現目標嗎？

來自佛羅里達州立大學的研究生馬西坎波和鮑邁斯共同完成了一項實驗。他們召集一群學生作為實驗被試者，並將他們隨機分為兩組。實驗人員告訴第一組被試者去想最重要的期末考試，將這一組命名為實驗組。實驗人員告訴第二組被試者去想各自將要參加的最重要的派對，將這一組命名為對照組。接著他們讓第一組中的一半學生制訂學習計畫，要具體到什麼時候、什麼地點進行學習。

之後，實驗人員讓每個被試者完成一個任務，就是讓他們將一些不完整的單詞補充完整。這些不完整的單詞可以補充成與考試有關的單詞，也可以補充成與派對有關的單詞。例如「re」可以補充成「read」、「real」、「rest」，還有「reek」，而「ex」可以補充成「exam」、「exist」等。實驗人員猜想，如果蔡氏效應起作用，那麼腦海中時常想著考試的被試者，會將不完整的單詞補充成與考試有關的詞語。

等被試者完成單詞補充任務後，實驗人員發現，這些跟考試有關的詞彙，更容易出現在那些重視期末考試，但是沒有為此制訂學習計畫的被試者中；而為考試制訂了學習計畫的被試者沒有出現這樣的反應。雖然他們也知道期末考試重要，但是他們的大腦已經將寫下計畫這個動作視為整個任務終結。

在這之後，馬西坎波還做了另一個實驗。他要求被試者思考生活中有哪些重要任務，讓第一組被試者將最近剛剛完成的任務寫下來；第二組被試者將沒有完成但需要儘快完成的任務寫下來；第三組被試者不但要寫下未完成任務，還要為實現目標制訂計畫。之後，馬西坎波告訴被試者現在要做一個單獨的實驗，其實和前邊實驗是有關聯的：就是閱讀一本小說的前十頁，並記錄自己是否分心，是在哪裡分的心。結果發現，那些寫下未完成任務的被試者，更難專心閱讀小說，他們因不理解材料而多次分心；而寫下未完成任務又制訂了實施計畫的被試者，報告的分心次數較少，他們更能理解小說的內容。

馬西坎波通過這兩次實驗得出一個結論：大腦對人未完成任務的提醒，並不是直到任務完成才終止。人在執行任務的過程中多次分心，不能表明是無意識腦在監督或控制人去完成任務，而是在催促有意識腦制訂計畫。這個計畫需要具體合理，把時間、地點和可能發生的事情全部要考慮清楚。當我們腦海中有了計畫，無意識腦就不會再催促有意識腦，我們也不會受到「提醒聲音」的干擾。

因此，要想利用「蔡氏效應」幫助個人實現目標，就應該為目標制訂具體計畫。接下來你在執行計畫的過程中就不會想東想西，而被無意識腦的「提醒」分了心。

當然，計畫一定要具體到下一步行動，例如你的目標是給妻子準備生日禮物，那麼下一步行動就是到蛋糕房買蛋糕，或是到服裝店選衣服；如果你的目標是弄清財務問題，下一步行動就是給會計打電話。如果沒有具體到下一步行動，你的目標就是空談，你在執行的過程中就會回避問題或拖延，這樣目標也不會很快實現。

還有，列出的目標不能太多，這樣蔡氏效應也會讓你難以控制自己的思維。你會一會兒想這個目標，一會兒想那個目標，令你焦慮難安。你應該在做一件事情之前，將具體要做的事情記錄下來，這樣無意識腦就會引導著你做下一步安排。當下一步行動確定了，你的心就能平靜下來，此時你就能輕鬆思考要做的事情了。

盧維斯定理：謙虛的人更受歡迎

「盧維斯定理」是美國心理學家盧維斯提出的。謙虛不是把自己想得很糟，而是完全不想自己。如果把自己想得太好，就很容易將別人想得很糟。

生活中，人們一般都會更喜歡謙虛的人，這是人的尋求地位平衡的心理在起作用。在內心深處，每個人都不希望自己被別人比下去，都不希望被別人忽略。因此，高傲、目中無人的人，往往會讓人覺得反感，謙虛的人則更受歡迎。

如果你總以強硬姿態出現，處處顯現自己的優越，總是覺得自己比別人強，處處顯擺，別人就會感到反感，覺得被你輕視了，而且容易產生一種逆反心理，想要打擊你，讓你的自信和強硬受到挫敗。在這種情況下，你做事的時候很可能會遇到障礙和挫折，你的生活就會過得一塌糊塗。

阿東大學畢業之後進入一家私營企業工作，他不僅能力突出，平時也很勤奮，總經理對他非常器重。不到兩年時間，他就做到了總經理助理。儘管名義上他是助理，很多時候說話卻比部門經理更有分量。

這一切的一切……都讓阿東有點飄飄然，有一次年終聚餐，阿東喝了點酒，說話也就不是很注意：「你們看我有多忙，又要幫總經理、又要自己設定方案，公司要是沒有我……」這時，阿東沒有注意到，幾個部門經理的臉色非常難看。

沒多久，阿東的話就傳到了總經理那裡，而由於各個部門非常不配合他的工作，阿東平時做什麼事情都顯得非常吃力，常常完不成日常任務。在兩個月之後，公司以他一個小小的過失，請他離開了。

真正有內涵、有實力的人通過出色的能力取得傲人的成績，從而在事業上「高人一等」，收穫鮮花和掌聲；卻又在生活中擺出「低人一籌」的姿態，不開罪於人，不放鬆自我的修煉與提升，從而收穫真摯的友誼和他人的肯定。

很多人取得一點點成績就沾沾自喜，就頤指氣使，飛揚跋扈，彷彿自己高人一等一樣，最後卻因為喪失大家的支持而失敗。而那些保持謙虛的人，雖然不顯山不露水，但是一段時間後，所有人都會發現他們傑出的成就，因為真正的成功是客觀存在的東西，時間長了，越來越大，不拿出來顯擺大家也能注意到。這個時候，以事業和能力服人，以謙虛的人格魅力吸引人，何愁做不成領袖呢？

為人處事的時候，我們要記著把自己的姿態放低，謙虛一點，經常讚美別人，收斂自己的光芒。你樸實謙虛，他就願與你相處，認為你親切、真實、容易相處；你謙虛順從，對方的虛榮心得到滿足，會認為與你很合得來；你有時候表現出愚笨，別人就願意幫助你……總之，給人謙虛的印象之後，你更容易佔據心理優勢，取得事業上的成功，進而在事業上讓別人仰視和尊重。

塔西羅效應：誠信乃立身之本

「塔西羅效應」講的是一個人或一個組織，失去誠信的話，就會導致一個可怕的後果：無論失去誠信者說的真話還是假話，都會引發質疑；無論失去誠信者做的好事還是壞事，都會遭到批評。「塔西羅效應」提醒我們，生活中一定要信守承諾，做一位可以值得信賴的人。

有四個男人在森林裡走著，他們衣衫襤褸，舉步維艱，模樣似乎好像剛剛從監獄逃出的囚犯。走在前面的兩個人扛著一個沉重的木箱，緊跟在後面的兩個人手中拄著拐杖。他們本來相互不認識，是探險家馬格拉夫把他們召集到一起參與原始森林探險活動。不幸的是，就在前不久組織者——馬格拉夫患痢疾而喪命，目前只剩下他們四個人了。

馬格拉夫對於探險的激情，他們根本無法理解（假如是為了尋找寶藏，可以另當別論）。要不是馬格拉夫生前許諾他們高昂的酬金，他們絕對不會跟隨這位狂熱的探險者深入到森林腹地。面對艱苦的條件，馬格拉夫的臉上總是充滿熱情洋溢的笑容，並說：「科學家發現的東西，比金子的價值還要珍貴。」這四個人不明白這句話的含義，但他們認為，馬格拉夫做的事一定很有意義。

現在，馬格拉夫死了，他們的探險活動不得不終止。可是，事情遠遠沒有結束。馬格拉夫臨終前用神秘的口吻告訴他們：「一定要把這個箱子送出去，你們四個人必須團結合作，分兩組輪流抬它。」並且特意囑咐道：「你們要向我保證，把它帶到目的地，中途絕不可把它扔掉。地址就寫在箱蓋上。你們把它送到目的地後，我的好友麥克唐納收到後，你們每個人都會得到無價之寶。他就住在森林外的海邊。答應我最後的要求，好嗎？」

這四個人向他鄭重地做出了承諾，馬格拉夫聽後，臉上帶著微笑，離開了這個世界。這四個人他們分別是：愛爾蘭廚師麥克裡迪、大學生巴里、詹森和水手賽克斯。

水手賽克斯口袋裡裝有一張地圖，每次他們停下來休息的時候，他總會把它掏出來，在地圖上仔細辨認當時所行走的地理位置，然後指著它說：「夥計們，我們現在就在這裡休息，我們的目的地在這裡。」從地圖上看，並不遙遠，可是在森林裡走，可不是一件容易的事情。

越向前走，樹木越茂密，恐懼和危險時刻威脅著他們。此刻，他們非常想念馬格拉夫，要是他還活著，這些事兒就不用他們操心，他們只負責跟著馬格拉夫走就行了。現在，馬格拉夫已經不在了，什麼事情都需要他們四個人商量著來完成。剛開始時，他們一邊走還一邊相互交流。但他們很快就感覺到，交談似乎只會增加箱子的重量，於是他們變得沉默起來。讓他們始料未及的是，比沉默更糟糕的東西接踵而來：在他們彼此的心中，出現對家庭、親人和朋友的想念，更可怕的是對同伴的猜忌以及對死亡的恐懼。唯一能把這四個人聚到一起的是馬格拉夫生前留下的箱子。如果沒有這口箱子，如果沒有對馬格拉夫做出承諾，他們四個人早已各奔東西了。

這口箱子裡到底裝著什麼神秘的寶貝呢？四個人都展開想像力，想像箱子裡寶貝的模樣。不過，他們有一個共識：馬格拉夫是一位高尚的人，不會欺騙他們。為了不讓某個人佔有箱子中的寶貝，四個人彼此間存了戒心，相互監督。其實，他們的戒心是多餘的，馬格拉夫曾親口告訴他們，必須四個人齊心協力，才可以把這口沉重的箱子抬出去。

經過艱難險阻以及各種痛苦的煎熬，他們終於見到了麥克唐納先生。麥克唐納是一位老頭，身穿的大白褂上油蹟斑斑，看上去不像有錢人。麥克唐納熱情地接待了四位死裡逃生的人。他們狼吞虎嚥，飽餐一頓後，詹森打著飽嗝，有點不好意思地提起馬格拉夫生前許諾的報酬。

老頭聽完，顯出一副愛莫能助的樣子，攤開手說：「我常年生活在這裡，你們也看到了，我幾乎一無所有。馬格拉夫是我的好朋友，你們實現了他生前的諾言，我非常感謝你們，但我無力給各位付報酬。」

詹森聽他這麼說，指了指一旁的箱子，「我們的報酬應該在這裡面。」賽克斯也在一旁附和道：「是啊，是啊，報酬就在箱子裡。」「我們按照馬格拉夫的要求，把它交給你，請你打開它吧。」

未等麥克唐納說話，他們開始動手拆箱子。箱子打開了，裡面一層一層擺滿木頭。詹森有種被欺騙的感覺，說：「這到底是開什麼玩笑呀？」

可是賽克斯卻說：「我剛才聽到裡面有『咔咔』聲，大家快過來。」四個人重新圍攏過來，他們把最後一層木頭取出來，發現裡面是一塊普通的石頭。

他們徹底失望了，麥克裡迪說：「我早就覺得馬格拉夫有點不正常，說箱子裡的寶貝比金子還珍貴，簡直是狗屁話。」

「不，你說錯了，的確比金子還寶貴。」巴里說，「我記得馬格拉夫當時的原話是這樣的：如果你們能夠安全地把它送到我的好友麥克唐納手裡，你們將會得到無價之寶。」

麥克裡迪生氣地說道：「我們冒著生命危險，送來的卻是一堆木頭和一塊石頭。他這樣說，對得起我們嗎？」

巴里把自己的同伴逐一打量一番，腦海中浮現出種種可怕的場面，路旁的堆堆白骨、吞噬生命的沼澤地、可怕的毒蛇猛獸……此外，他還想起前人的告誡：不要獨自闖入森林，沒有一個人能夠活著走出來的。

想到這裡，他終於明白馬格拉夫當初的用意了，他用感激的目光看著箱子，說：「朋友們，難道你們還不清楚嗎？馬格拉夫讓我們得到的無價之寶就是我們的生命啊！如果沒有這個箱子，沒有諾言的約束力，我們絕對不可能活著走出森林。我們應該感激馬格拉夫，是他給了我們生命啊！」

另外三個人聽巴里這麼一說，頓時恍然大悟，他們因為自己指責馬格拉夫而懊悔不已。的確，在生死攸關的時刻，馬格拉夫承諾的無價之寶，他們得到了。同時，他們為遵守對馬格拉夫許下的承諾而感到驕傲。如果諾言沒有約束力，他們中途打開箱子，就等於打開死亡的盒子，誰也不會活著走出森林。

這個故事告訴我們，做出承諾就必須約束自己的行為。一旦約束力起不到作用，那就失信於人，就沒有誠信可言，就會在殘酷的競爭中一敗塗地。

有時候，為了隱藏自己的弱點和無知，人們常常擺出一副不懂裝懂的姿態，殊不知這樣反倒會給人一種淺薄的感覺。如果你對不懂的事情坦率地說不知道，反而可以成為一種有效的表現自我的方式，因為坦率本身就會給人一種更為強烈的印象，讓人認為你有誠意。除此之外，就某種角度來看，這還證明你具有一種敢於承擔責任的自信。

眾所周知，維納斯斷了一隻手臂，但她依然被世人視為美神，為什麼呢？這就在於她殘缺的美。折斷的手臂不僅沒有讓她黯然失色，反而使她聞名於世。

所以，不要怕暴露你的缺點，有時它會使你顯得更加誠實可信。一位日本學者在他所著的書中也寫道：讓人家看到自己的缺點或弱點，人家才會覺得你真實可信，不存虛假，從而產生親近感。

當別人求你辦事的時候，儘量不要說「這事沒問題」、「包在我身上」之類的話。也就是說，在開口承諾之前，先問問自己：「我真的能做到嗎？」如果你有自知之明，對自己的能力有一個正確的估價，你會很容易回答這個問題。再者，假如你已經給了別人承諾，那麼你就要認真加以對待，努力去實現它。不可今天答應，明天就忘了。

還有重要的一點，假如朋友找你幫忙的事確有難度，但又不好推託，那麼你可以提前對他說明：「這件事難度很大，我只能試試，辦成辦不成很難說，你也不要抱太大的希望。」這樣做是給自己留點餘地，如果結果是你沒有做到，那麼對方並不會怪你，因為你已經給對方留下印象：你曾經試過，只不過結果失敗了。

總之，當他人認為你是一個講信譽的人，從而信賴、依靠你，你在生活中便會戰無不勝、攻無不克，辦起事情來也會越來越順利。

適者生存法則：善變，才能應萬變

尼日爾有一株合歡樹，生長了一千八百年。這株合歡樹長在撒哈拉大沙漠，那裡氣候乾燥、環境惡劣，雖然這株樹枝葉乾燥，葉脈細小，但卻長年健壯地活著，表現出極強的生命力。為此，這株合歡樹受到了當地民眾的愛戴，被視為「神樹」。

於是，人們給合歡樹剪枝修杈，澆水施肥，又加設圍欄，百般呵護，未曾料想到的是一年後這株樹竟突然死了。

人們異常驚駭，百思不得其解。後來專家解釋道：生活環境太優越了，樹便不適而夭。

生存環境惡劣，卻可以「生」，生存環境優越，卻可以導致「死」，這究竟是什麼道理呢？事實上，合歡樹之死，恰恰驗證了生物界中那條亙古不變的真理：物競天擇，適者生存。

「物競天擇，適者生存」，是英國生物學家達爾文經過多年的苦心鑽研得出來的重大研究成果。它的本意是說，不能適應進化的物種都將遭到無情的淘汰，凡是能生存下來的生物都是適應環境的。

想想看恐龍為什麼會在地球上消失？為什麼越來越多的生物瀕臨滅絕？因為它們不能適應變化中的環境。

反過來，仙人掌何以在茫茫大漠中頑強地挺立？為何只有蠟梅能在寒冬中綻放？就在於它們在惡劣的條件下找到了自己生存的方法。

其實，人與生物同理。生存，不但是自然界生物的本能，更是人與生俱來的追求，「物競天擇，適者生存」，這條金科玉律同樣適用於人類。人的生存，同樣要受到自然環境和社會條件的制約。面對現實生活中的種種困境，能夠適應，你就會「發展」；不能適應，你就會「退後」，就會被成功所淘汰。用句通俗點的話來說，也就是——善變，才能應萬變。現實生活中，不難遇到這種情境：一些人由於受周邊環境或社會某種現象的影響，由最初的看不慣到引發不滿，或憤世嫉俗，牢騷滿腹；或懷才不遇，怨天尤人。在工作中，這類人一定會把上下級關係搞得很僵，同事之間也緊張不已；在生活上，這類人也只會給家人帶來麻煩。我們完全可以想像得到，既然上司不喜歡也不招同事歡迎，那麼升遷肯定無望；家人被攪得心力交瘁，估計家庭氣氛也不會和諧。總之，這類人要獲得成功，基本是無望了。

相反，有的人即使處於惡劣的環境中，依然樂觀開朗。他沒有抱怨，而是以積極的心態去適應種種變化。不用想也知道，這類人的前程定會一片光明。因為以他開朗的性格、積極的態度一定會與同事相處融洽，相應地，家庭也和諧美滿。

同樣是身處惡劣的處境，為什麼有的人收穫了成功的人生，而有的人卻恰恰相反呢？這同樣是一個關於「適者生存」的問題。這就好比家門口有座大山，不適應者天天鬱鬱寡歡，抱怨大山遮擋了自己的家園，讓自己生活得不自在；而適應者則天天樂哉優哉，沉浸於大山給自己創造的幽涼舒適環境之中。善變，讓人真正成了自己命運的主宰。

從理論上講，人對環境有四種基本反應：第一種是離開環境；第二種是改變環境；第三種是適應環境；第四種是抱怨環境。不用想也知道，第一種、第四種終究會被環境淘汰，第二種、第三種可以從中找到新的生機，成為適應環境的佼佼者。

所以，當無法改變現狀或客觀環境時，我們能做的，就是調整自己的生存方式，學會適應，學會接「軌」，為生存開出一條順暢的通道，拓寬自己的空間。具體怎麼做呢？

一、改變不了環境，就改變自己

在英國的威斯敏斯特教堂地下室裡，聖公會主教的墓碑上寫著一段話：

> 當我年輕的時候，我的想像力沒有任何局限，我夢想改變這個世界，當我漸漸成熟明智的時候，我發現這個世界是不可能改變的。於是我將眼光放得淺了一些，那就改變我的國家吧，但是我的國家似乎也是我無法改變的。當我到了遲暮之年，抱著最後一絲努力的希望，我決定改變我的家庭，我親近的人——但是，唉，他們根本不接受改變。現在，在我臨終之際，我才突然意識到：如果起初我只改變自己，接著我就可以依次改變我的家人，然後，在他們的激發和鼓勵下，我也許就能改變我的國家，再接下來，誰又知道呢，也許我連整個世界都可以改變。

曾從大文豪托爾斯泰的書中讀到這樣一句話：「世界上只有兩種人：一種是觀望者，一種是行動者。大多數人都想改變這個世界，但沒有人想改變自己。」這句話與墓碑上的「名言」，有著異曲同工之妙——要改變現狀，就得改變自己。

可以說，一切成就都是從適應變化、改變自己開始的。任何人都別指望別人都照你的做，有些人、有些事、有些環境你是改變不了的，你是無能為力的，你不能改變別人，不能改變世界，你唯一能做的就是改變自己。

事實上，當代社會，我們身處的環境遠比我們想像的要複雜得多。生活中，也許你和自己的愛人總是時有爭吵，孩子的學習也總是沒有長進；工作上，上層領導的壓制、同事之間的惡性競爭……這時候，你該怎麼辦？惡狠狠地發誓，我要改變我的愛人，改變我的孩子，改變我的領導，改變我的同事？顯然，這不是一個明智之舉。改變他人，只是一個不切實際的夢想罷了，最有實效並最能解決問題的辦法就是——改變自己。

想想看吧，如果改變一下對待愛人的態度，再溫柔一點、再體貼一點，愛人還會時常挑你的毛病嗎；如果改變一下對待孩子的方式，多關注一下他的學業問題，孩子還會這樣不求上進嗎；如果改變一下自己與領導相處的方式，說不定下一個升遷加薪的就是你；如果改變一下自己的競爭心態，說不定對手也會成為朋友……很多時候，生活都是這樣被改變的——在改變自己的前提之下。

二、不做強大的，要做合適的

達爾文說過：「應變力也是戰鬥力，而且是重要的戰鬥力。得以生存的不是最強大或最聰明的物種，而是最善變的物種。」

在生物界，蜥蜴可以說是最能適應各種環境的高手了，在面對各種各樣的環境時，它的身體結構也能隨之做出最適應的改變。所以，蜥蜴能夠生活在海洋、棲息於樹上、遊玩在沙漠、潛藏在地底，甚至能夠飛翔於天空。

再來看已經絕跡的恐龍。一億年前，地球上到處都是體型碩大的恐龍，但是它們卻在很短的時間內滅絕了。現在我們看到的，只不過是保存在博物館裡供人參觀的恐龍化石。

恐龍和蜥蜴的故事說明了什麼？並非強者才能生存，而弱者就會被淘汰。要生存，不在強弱，關鍵是適應。如果恐龍能夠適應變化中的環境，那它們就不會滅絕，而小小的蜥蜴，正是適應了環境，才得以生存。所以，我們要取得成功，就要學會適時轉變，不可墨守成規。在人際交往方面，遇到什麼人說什麼話；在處理事情方面也是，遇到不同的事，也要用不同的方法去處理。

當然，我們不一定非做公司最強的，也不在人際交往中做最聰明的，「槍打出頭鳥」的古訓誰都明白。我們只要做到適應，就足夠了。怎樣適應周遭的環境呢？你可以把自己想像成一個演員，需要轉換角色的時候很快進入新的角色中去。比如說你曾經是上一個公司的開心果，但剛進的這個公司人際關係卻很冷漠，同事之間交流得較少，讓平時喜歡咋咋呼呼的你感覺好像進入到一個無聲的世界，悶得慌。於是，你曾經一度想逃離這個地方。其實，你大可以不這樣做，你可以嘗試著與人交流，用你的熱情打動別人的心，相信再堅硬的石頭也會被你的行為融化。

三、不以物喜，不以己悲

「不以物喜，不以己悲」，說的是不因外物的好壞和自己的得失而或喜或悲，凡事都以一顆平常心看待。簡簡單單的八個字，卻蘊含了深刻的人生哲理。

縱觀歷史，多少遷客騷人就是因為缺少這樣一種心態，因環境變遷而懷憂喪志，最終把豪情通通喪失掉。中唐詩人李賀就是一個很好的例子。

被譽為「詩鬼」的李賀在詩歌方面造詣很高，也取得了巨大的成就，但因家族敗落，家境貧寒而生出了沉重的失落感和屈辱感，幾經舉試不第的打擊，使得他的精神更加抑鬱、苦悶。最後，這位奇才如流星劃過天空一般，僅27歲就消失于中唐的詩壇，留給後人無限的遺憾與惆悵。

在現實生活和工作中，難免會有各種各樣的不如意。比如調職或是失業，很可能在一夜之間就降臨到自己頭上，面對這一夕之間的轉變，你是選擇在抱怨中等待，接受所謂的運氣、命運擺佈，還是尋找新的出路呢？

再完美、再進步的社會也不會讓每一個人都一帆風順，無論是好運還是噩運降臨到頭上，我們都要保持一種恒定淡然的心態。得之，一笑；失之，也不要悲傷。

第五章

幸福法則：以愛的名義揭開這層面紗

人們總是渴望幸福、追求幸福，卻從來不曉得幸福就在身邊，近到可以觸手可及。有時，我們感覺不到幸福，只是我們得到的太多，反而讓它們從我們身邊輕易地溜走，繼而感覺不到幸福，開始抱怨起身邊的一切。

博薩德法則：距離越遠，愛情越淺

男女之間的空間距離太大往往也會導致心理距離的逐漸擴大。或許在剛開始的時候，兩個人覺得這種距離感很新鮮，但是，這種新鮮是有保質期的，保質期一過，兩個人就可能會互相懷疑，慢慢地相互間的信任就會消失，彼此之間的感情也就會逐漸地變淡。

生活中，許多人認為，只要愛得足夠深，即使離得再遠也不會影響彼此的愛情。而現實生活中，分離總是或多或少地讓戀人之間的關係變得脆弱，這種情況就是人們通常所說的日久情疏。或許歲月的黑幕蒙住了愛情，在各守一方的生活中，已經很難觸摸到往昔戀愛的溫馨，那些有關對方的回憶也會漸漸地被時間沖淡。由此可以看出，距離是愛情的頭號敵人，心理學上將這種情形稱之為「博薩德法則」，也稱其為「愛情與距離成反比法則」。美國心理學家博薩德曾經對五千對已經訂婚的情侶進行調查，調查結果發現，其中兩地分居的情侶最終結婚的比例很低。空間距離過遠對於愛情來說，似乎是一道很難逾越的障礙。

雖然我們經常說，神聖偉大的愛情是不受年齡、空間、時間、地域的限制的，可是這只是理想狀態的愛情。時間和空間的距離會在無形中扼殺愛情，如果一對情侶總是不常見面，那麼彼此的感情是會逐漸變淡的。距離可以讓愛情「安樂死」，它讓愛人們之間的激情和熱情慢慢消磨殆盡，而這些無疑是支撐愛情的最佳燃料，燃料都燒完了卻因為距離的問題沒有把愛情這鍋水燒開，結果也只能是無疾而終了。所以，在愛情當中，最大的敵人也許不是個性和物質，而是——距離。

想想看，如果你有一個女朋友，她在美國讀書，你們當初分開時認為，你們的這種選擇是理智的，正確的。你們暫時的分開是為了更加美好的未來。而且熱戀當中的你們覺得，距離對你們而言完全不是問題。所以你們毅然決然地選擇為了更好地明天而奮鬥，可是明天真的像你們想的那麼美好嗎？

也許在一開始的時候，你們的確彼此想念，而且感情彷彿越來越深厚。可是時間久了你們就會發現自己好像沒了對方也能活，你們彼此又重新找到了屬於自己的新生活方式。因為你們知道你們必須適應改變才能快樂生活。再然後，你們都有了新的交際圈，有了新的朋友，新的趣事，新的認識。而這些是跟你們原來共有的那些東西不沾邊的。漸漸地，你們各自的圈子越來越成熟，你們在離開彼此之後生活得越來越順利，但是這些卻都是跟對方無關的。你們共同的話題少了，共同的語言自然也越來越少了。他所說的那個人你根本不認識，也不想認識，因為認不認識對你不產生任何影響；她所說的那件趣事你並沒有覺得多麼好笑，因為你根本不感興趣，甚至不明白她在說什麼。

很多時候，我們以為是愛情變了，其實是愛情沒了，往往是即使我們不選擇變心，也會覺得已經沒有了守候下去的意義。愛都不在了，心又何處安放呢？所以，你看，愛情其實是跟距離有關的，我們為了理智的確應該適當保持距離，小別勝新婚當然也是有道理的，只不過那僅限於小別和短距離，戰線拉得太長可是會傷害感情的。如果你有能力，那就不要讓「博薩德法則」去傷害自己美麗的愛情！

羅密歐與茱麗葉效應：愛情有一張假面具

電視劇中，經常會出現這樣老套的橋段：美麗漂亮的富家小姐，不顧家人的強烈反對，毅然決然地衝破世俗觀念，和貧窮的心上人一起私奔。在外人看來，他們愛得真誠、愛得熱烈，除了愛別無所愛。

如果你因此羨慕他們的愛情，那麼就趕快停止這個想法。這種表面上愛得轟轟烈烈的愛情，無異於戴著一張假面具。在相愛的過程中，他們的舉動具有很大的盲目性，這種盲目性主要表現在對愛情和婚姻沒有進行冷靜思考。那種比一般愛情迸發出更多的激情，完全是一種心理效應，這種效應就是「羅密歐與茱麗葉效應」。

產生這種心理效應，主要源于父母、長輩或外界的種種阻撓。人都有逆反心理，壓力越大，反抗就越大，戀愛的激情也就自然變得更加強烈，男女之間的戀愛關係也就變得更加牢固。

眾所周知，羅密歐與茱麗葉是英國著名戲劇家莎士比亞劇中的人物，兩個人來自不同的家族，這兩個家族世代互相仇恨，他們的相愛遭到家族的強烈反對。為了和相愛的人在一起，兩個不同的家族不但沒有拆散他們，反而使他們的愛情變得更加牢固。無獨有偶，在東方，梁山伯與祝英台的愛情故事也是如此。

為什麼會出現這種現象呢？這主要跟人有趨向和諧、穩定的本能有關，就像被敲打的鑼鼓有趨於和諧和穩定狀態的趨勢一樣。當愛情遇上阻力，就會產生「不和諧」、「不穩定」的狀態。於是，情侶為了改變這種難受的狀態，就會拼命反抗、克服困難來使愛情恢復到「和諧」和「穩定」的狀態。

當「羅密歐與茱麗葉效應」遇上沸騰效應，結果又會如何呢？

沸騰效應是指在99℃的熱水中加上1℃的熱量，水就會沸騰起來。在這裡，我們假設戀愛雙方遇到家庭的阻力，發生了羅密歐與茱麗葉效應。在這個時候，他們喝點小酒，因為鬱悶互相傾訴，情緒越來越激動，就好比不斷升溫的熱水。接著，只要有一個人提出私奔或者自殺等要求，另一方隨之附和，就會把這鍋熱水燒開，釀造更大的悲劇。這也是為什麼祝英台會最終選擇自殺殉情的原因。

「羅密歐與茱麗葉效應」如果碰上特殊的狀況也是同樣奏效的，如愛情的不和諧、情敵的出現、愛人突然患上絕症，等等。

毛毛蟲效應：讓你的夢中情人變成你的毛毛蟲

「毛毛蟲效應」是指固守本能、慣性、盲目追隨導致失敗的現象。這種現象常常出現在人們日常的生活和工作中，如盲目跟隨領導、墨守成規地工作、保持某種惡習無法改變等現象。因此，不少人把它稱為人生的失敗效應。事實上，毛毛蟲效應如果利用得當，完全也可以成為使你成功的效應。當然，前提是你要敢於當一隻領頭的毛毛蟲。

「毛毛蟲效應」主要來源於法國心理學家約翰・法布爾的一個著名實驗。在實驗中，他把若干條肥肥壯壯的毛毛蟲放在花盆的邊緣上，讓它們首尾相接地圍成一圈，並在花盆的不遠處撒上毛毛蟲平時最喜歡的零食——松葉。這時，毛毛蟲開始一隻跟著一隻，繞著花盆的邊緣一圈一圈地走下去。一小時過去了，一天過去了，兩天也過去了，毛毛蟲還是在做圓周運動。終於在第七天的時候，這群可憐的毛毛蟲因為饑餓和筋疲力盡相繼死去。

後來，科學家就將這種固守本能、保持慣性、盲目追隨的行為稱做是「追隨者」；將跟隨別人的行為導致失敗稱為「毛毛蟲效應」。

這看起來似乎是一個很好笑的笑話。事實上，毛毛蟲效應不僅體現在生物身上，就是在人類身上也很難逃脫這種效應的影響。因為人也有堅持慣性、固守本能的特點。為此，科學家對不同年齡層的人做過一項實驗。他們將外表已經融化了的黏稠糖果放在試驗者的手上，試驗者第一個反應是將這團噁心的糖果扔在地上。

於是，科學家告訴參加實驗的人，接到黏稠的糖果就直接扔到地上，接到玻璃水晶能握在手上的就可以得到獎金。於是，科學家不斷地把黏稠的糖果放到試驗者的手上，一次、兩次、三次……這些試驗者雖然被告知會有玻璃水晶放到他們手上，但是在一次、兩次、三次、N次甩掉糖果的慣性形成後，他們在接到玻璃水晶時都習慣性地把玻璃水晶扔在地上。結果，沒有一個人得到獎金。

毛毛蟲效應確實是個有趣的效應。不少人把這個效應當成了負面的效應，認為在生活中應該儘量遠離這個會導致自己失敗的效應。可事實上，任何心理效應都會有正面和負面的效應，利用得當也能產生積極的效應。

林偉和孟彤的婚宴上，大夥免不了都會問一個問題：新郎和新娘是誰先追求誰？當時，新郎林偉沒有直接回答，只是跟大家分享了他和新娘孟彤之間的愛情故事。

原來，是林偉先喜歡上孟彤。他自信滿滿地對孟彤提出了交往的邀請，卻被孟彤一口拒絕。但是，林偉並不死心，他認定了孟彤是這輩子自己想相守一生的人。於是，他就開始鍥而不捨地追求孟彤。

每天，林偉都會在中午的時候跑到孟彤公司樓下的餐館用餐。為了避免孟彤的反感，林偉儘量選擇能讓孟彤看到自己卻又不會挨得太近的座位。在每次用餐結束的時候，林偉還會遞上紙巾，或者簡單地說幾句問候和關心的話。除此之外，林偉沒有提出其他的要求。

像這樣的「求愛」行動，林偉是天天我行我素。即使是風風雨雨的日子，他還是依舊出現在孟彤的視線範圍內。慢慢地，孟彤的心也開始融化了。

可是，就在這樣的日子堅持了三個月後，林偉就突然「消失」了。

第一天沒看到林偉的孟彤心裡覺得很不舒服，四處張望著林偉怎麼還不出現。第二天，孟彤心裡開始生氣林偉不出現。第三天的時候，孟彤開始心裡感覺到失落，甚至擔心林偉會不會發生了什麼意外。在痛苦的煎熬中，孟彤度過了七天，林偉就又出現了。

林偉對孟彤訴說著離開這七天的感受，孟彤拼命地點頭，表示感同身受。於是，兩個人就這樣自然地走到了一起。

在這個愛情故事裡，狡猾的新郎就將新娘變成了一條跟隨「習慣」的毛毛蟲，才成就了一段佳話。

示弱效應：愛情裡沒有對錯輸贏

有人說，愛情是場戰爭，它是征服與被征服，不是你死就是我亡。這聽起來太嚇人了，愛情應該是美好的才對啊。可是現實卻告訴我們不是那麼回事兒，有時候愛情與戰爭還真的很像。尤其是，現在男女平等了，不存在誰要依附誰的狀況。女人們用不著像古代女人似的那麼三從四德，因為即使不靠男人，女人照樣能夠養活自己，而且活得好好的，大到職場爭奪戰，小到家裡換燈泡，都能一手搞定，根本不需要男人來幫忙，於是原本溫柔可人的女人們也變得強硬起來。

女人的強大，自然也給男人帶來了危機，原本他們是老大，是一家之主，現在卻不再被需要，說話也失去了分量，他們心裡自然也沒了安全感。如今，男人和女人開始在外面爭地盤，而且慣性地把這種戰爭帶到了愛情裡和家庭中。要我聽你的，憑什麼，你說的就對嗎？我也累了一天了憑什麼伺候你？我掙得比你少是怎麼的？這件事我又沒錯，憑什麼要我道歉……男人和女人都變得跟刺蝟一樣，原本相愛的兩個人，可能會因為一點點雞毛蒜皮的小事兒而爭得頭破血流，甚至鬧到分手也不是不可能的。

誰都知道，事情根本就沒有那麼嚴重，只不過人爭一口氣，為了以後更加有底氣有地位，這個頭萬萬不能低！可是，你想過沒有，你這樣做的結果是什麼？你真的贏了嗎？贏得有快感嗎？恐怕若不是對方示弱，你們就得兩敗俱傷了吧！

其實想想，兩個相愛的人之間有什麼深仇大恨呢？幹嗎非得爭個你死我活？而且戀人之間哪有那麼多的對錯可言？為什麼非得讓對方低頭呢？你贏了你就光榮了嗎？那可未必，你可是傷害了最愛你的人的那顆心呢，等他的心被傷透了，你們的愛情也就凋謝了。

所以，有位心理學家說：「我從來不會去傷害我的愛人，因為他是我在這個世界上最親最愛的人，除非這個世界上只剩下我們兩個，才有彼此傷害的可能。可是如果世界上真的只剩我們兩個了，我們又怎麼可能還忍心再去傷害彼此呢？所以，每次吵架，我都會先示弱，先認錯，這無關於尊嚴，但有利於愛情！」

是的，在愛情裡，我們首先要學會的就是示弱，如果兩人有了衝突和爭端，執意據理力爭，即便你是對的，最後也會傷害彼此的感情。在戀人爭吵時，示弱其實是一種明智的選擇。因為你的示弱可以讓對方的怒火瞬間消退，火氣沒了才可能理智思考，才可能冷靜地去考慮事情的來龍去脈，才可能發現自己的錯誤。到時候，他的火氣消了，對你還有一分愧疚，你才是真正的「贏家」，不是嗎？這就是「示弱效應」帶來的結果，因為幾乎所有的人都有一種迫切的願望，那就是希望自己的價值得到他人的肯定，自己能受到重視。

而向人示弱正是一種讓對方感受自己價值的最佳方式，能夠給人帶來極大的心理優越感和滿足感。表面上你讓愛人的心理得到了滿足，你讓他覺得自己是被認可和尊重的，那麼他就會加倍地去「報答」你，你們的愛情當然就會更加甜蜜了。

真正聰明的戀愛高手其實也是「示弱效應」的最佳掌控者和受益者。因為他們明白，與戀人發生衝突的時候，既不能衝動，也絕不能逞強，只要心裡有愛，裝裝糊塗又何妨？目的只有一個，把自己愛的人「哄」好了，自己才能更幸福啊！

「皮膚饑餓」現象：別讓戀人太「饑渴」

生物學家哈洛曾經做過一個著名的實驗：他為幾隻剛剛出生不久的小猴子找到了兩個代理猴媽媽，一隻代理猴媽媽是用金屬製成的，金屬猴媽媽的胸前放有一個奶瓶，確保小猴子可以喝到奶；另一隻代理猴媽媽的質地為棉布，它與真猴子極為相似，但是胸前沒有任何哺乳設施。之後，哈洛在一隻籠子裡放有金屬猴媽媽和布偶猴媽媽，在另一隻籠子裡只有金屬猴媽媽。

按照常人的思維模式，小猴子肯定會親近安有奶瓶的金屬猴媽媽，俗話說得好，「有奶便是娘」。奇怪的是，小猴子彷彿對金屬猴媽媽十分排斥，反應異常冷淡。除非肚子餓得受不了才會接近它；對於布偶猴媽媽，小猴子卻是另外一種態度。它們有事沒事都喜歡緊緊地抱著布偶猴媽媽，如果受到驚嚇，小猴子更是飛一般地逃進布偶猴媽媽的懷中，以便尋求安慰。

隨後，哈洛放進一隻玩具跳蛙，從沒有接觸過此類玩具的小猴子驚慌失措，一個勁地抱住布偶猴媽媽不撒手。慢慢地，小猴子發現這跳蛙沒有什麼危險性，就會試探接觸，最後興致勃勃地玩弄起來。可是，在只有金屬猴媽媽的籠子裡長大的小猴子，看見跳蛙後十分恐懼，一直躲在角落裡吱吱叫個不停，既不靠近金屬猴，也不願意觸碰玩具跳蛙。顯然，它陷入緊張與不安之中。

根據這個實驗，哈洛得出一個結論：小猴子對媽媽的依戀不在於有沒有奶吃，而是在於有沒有溫柔而直接的接觸。

其實，在只有金屬猴媽媽的環境中長大的小猴子是典型性「皮膚饑餓」的表現。這種表現在心理學上的解釋為，如果一個人長期缺少擁抱等肢體接觸，潛意識裡就會產生一種對他人的愛、關心和撫慰的渴望感。當這種感覺過於強烈，就會產生病態心理。病態心理最直接的不良後果就是一個人的情緒平衡能力受損、難以建立自信心及缺乏對別人關愛的能力。

眾所周知，孩童時期的我們十分迷戀母親的懷抱，甚至是母親身上的氣味。通過與母親擁抱、接觸、直視母親的目光等方式，一種前所未有的滿足感就會油然而生。究其原因，是因為母親的觸摸「餵飽」了孩子饑餓的皮膚。

戀人之間更是如此，不要以為我們長大了，我們的皮膚就不會饑餓了。正因為我們離開了母親的懷抱太久，所以我們才更加需要被擁抱。一對戀人恐怕是這個世界上最親密的兩個人了，他們之間的親吻、擁抱、愛撫，都是對「皮膚饑餓」的一種愛的滋養。戀人之間正是因為有了這種接觸才會覺得彼此之間更加親近和甜蜜。

我們之前講過延遲滿足，它與餵飽戀人的「皮膚」並不矛盾。延遲滿足並不代表任何形式的親密行為都不滿足。我們要保留的只是那個底線，但是其他戀人之間該有的東西，我們不能吝嗇。想想看，你們聲稱彼此是戀人，但是相戀一年卻聯手都沒有碰過，擁抱和親吻就更別說了，你以為這樣的愛情是純潔的，可對方也許會認為你根本就不愛他（她）呢，這樣的狀況達到一定程度很可能帶來兩種結果，一是對方跟你分手，一是對方做出更加出格的行為來滿足自己長期饑渴的皮膚。

所以，你要如何選擇呢？如果你不想彼此的愛情走得太快，不想讓對方的「饑渴」破壞你對愛情的美好憧憬，那就別讓他的手閑著，把你的手放進他的手裡吧，你會發現肢體的親近也讓彼此的心變得親近起來了！

馬斯洛理論：夫妻雙方也需彼此尊重

亞伯拉罕・馬斯洛出生於紐約市布魯克林區，是美國著名的社會心理學家、人格理論家和比較心理學家，人本主義心理學的主要發起者和理論家，心理學第三勢力的領導人，曾任美國人格與社會心理學會主席和美國心理學會主席。

馬斯洛理論是指人在滿足了生存、安全的需求之後，就渴望被尊重，希望人格與自身價值被承認。馬斯洛指出，尊重是一種需求，它包括對成就或自我價值的個人感覺，也包括他人對自己的認可與尊重。

一九四三年，美國心理學家馬斯洛發表了《人類動機的理論》一書。在這本書中，馬斯洛提出了著名的人的需求層次理論。在馬斯洛看來，生理需求是人類最基本的需求和欲望。人類不會安於底層的需求，較低層的需求被滿足之後，就會往高處發展。滿足生理需求之後就追求心理滿足和社會認同，之後就想被愛，被尊重，希望人格與自身價值被承認。這是人類共同的特質。

「馬斯洛理論」在婚姻生活中也得以體現，當男女雙方共同建立一個家庭之後，夫妻之間更需要彼此尊重對方的想法或者意見，這種需求並不會隨著愛情的加深而變淡或者消失。

在日常生活中，夫妻天天住在一起，因為親密的原因，說話難免比較隨意，往往不會去考慮對方的感受，有什麼說什麼。心情煩躁了，就拿對方撒氣；對方做事情出現了失誤，或者事業上發生了挫折，不是安慰鼓勵，而是挑刺埋怨；不管有沒有外人在，也不管在什麼場合，說些傷害對方自尊的話；總是拿強勢的人和自己的愛人比較；一方感情上出過小差，一想起來就翻老賬，揭傷疤，稍不如意就拽拽尾巴。殊不知，這樣的行為正在一點點地消磨兩人之間的感情。

所以，才會有人說：「一對夫妻不管是感情深厚還是感情已亮起紅燈，只要觀察他們談話時候的表情和語氣就可以看出端倪。」如果兩人之間的任何一個動不動就給對方白眼、冷笑或者出語諷刺，那麼可以斷定他們之間已失去平衡，這是每對夫妻不應有的現象。有的時候你的另一半確實表現得愚蠢，那麼不妨換個立場考慮，而不應表示出輕蔑或諷刺。如你受到對方的搶白或嘲笑，你必然感受到了傷害。保留對方的自尊對維持彼此關係很重要。

尊重是夫妻相處的最重要也是必備的一種行為，夫妻做到相互尊重，這樣才能讓夫妻關係更加平等。

一、不要拿自己的另一半和別人比

每個人都有各自的長處及缺點，若一味埋怨或打擊另一半，就會讓他很有挫敗感。男人最討厭老婆動不動就扯著嗓子訓自己，其中還不忘拿別人來評比。男人通常最不能容忍老婆說：「你看你，人家對面的張先生又換一部新車了，隔壁的陳先生也在重新裝潢家居了，而這條街就數你最不長進。」而一個男人如果對他的老婆說：「陳太太不但會打扮，也很會理家，聽說她做的菜比館子還好吃……」這些「好話」都會讓人聽了火冒三丈。所以，聰明的夫妻從不會拿別人跟自己的另一半比，就是比也會是通過貶低別人而抬高另一半的身價，這又何苦呢！

二、不要隨意向對方發火

無論什麼時候，在你對對方不滿和發火之前，耐心聽對方把話說完，也許他做錯了，但是他一定也有他自己的原因。讓他明明白白說清楚，當他冷靜下來時，總會明白對錯的。強詞奪理只會讓彼此的感情越來越走向破裂。

三、不要干涉彼此的工作及社交

當自己的另一半因為工作業績不好而苦悶的時候，不要再去加以指責，因為這也是他不想要的結果。若在這個時候，你不在他身邊排憂解難而是妄自嘲弄，就會讓另一半感到心灰意冷。

同時也不要責怪對方和自己的「狐朋狗友」或「閨中密友」交往過甚，特別是男人應該放棄自己的「大男子主義」，想想你在和自己的「狐朋狗友」花天酒地的時候，你憑什麼去指責老婆和自己的「閨中密友」去逛街？誰都擁有自己的私人空間，就算是最親密的人彼此也應該擁有屬於自己的秘密。

總之，相互尊重是婚姻穩固的基石。只有做到了相互尊重，才會有機會去經營更加美好的婚姻。對於夫妻來說，尊重愛人是一種態度，是一種品質，從尊重之中起航的婚姻必定會美滿幸福、一帆風順！

互補定律：找對象，就要找個「互補」的

在現實生活中，我們會發現，任何一個團體，如果全是性格相近的人，那麼很容易造成內部的不和諧，甚至會發生爭執。

為什麼呢？因為性格相近的人需求類似，同時對一個事物產生需求的時候，大家就會產生利益衝突。比如，甲和乙是一對好朋友，彼此之間的感情非常融洽。後來，甲跳槽到了乙的公司，在朋友們看來，這下兩人的關係應該更好了。可出乎大家意料的是，兩人卻成了仇人，發誓彼此不再往來。大家都納悶了，這是怎麼回事呢？原來這兩人都喜歡爭強好勝，前段時間公司的部門經理退休了，職位空缺了下來，而經過公司領導討論，決定在甲、乙兩人中擇其一個。為了大好前途，甲、乙兩人當仁不讓，爭得你死我活，朋友之情也顧不上了。

同樣地，我們還會發現，彼此之間差異較大的人，看似沒有任何交集，卻能夠建立較為親密的關係。

這又是為什麼呢？這就不得不提到心理學上所講的「互補定律」。

何謂「互補定律」？在需要、興趣、氣質、性格、能力、特長和思想觀念等方面存在差異的人，當雙方的需要和滿足途徑正好成為互補關係時，可以在活動中產生相互吸引的關係，這就是「互補定律」。

一般說來，生活中的互補可以分為兩種情況：

一種是交往中的一方能滿足另一方的某種需要或彌補其某種短處，前者就會對後者產生吸引力。如能力強、有某種特長、思維活躍的人對能力差、無特長、思維遲緩的人來說具有吸引力；依賴性特別強的人願意和性格獨立的人在一起；脾氣暴躁的人和脾氣溫和的人能成為好朋友；支配型的人和服從型的人能結為秦晉之好。

在商界，這種互補現象體現得更為淋漓盡致。譬如，一個人如果打算辦一個企業，那麼他一般會選擇與具有自己所缺乏的某種才幹和能力的人合作。如果自己善於經銷，那麼就會選擇精通會計的人。在這種情況下，兩者正好能取長補短，各得其所，有利於事業的發展。

其實，此種行為連大名鼎鼎的全球首富比爾・蓋茨也不例外。

在商界，比爾‧蓋茨和史蒂夫是全球最知名的黃金組合。二〇〇〇年，比爾‧蓋茨把自己設定為微軟「首席軟體結構師」，而把CEO一職讓給鮑爾默，並表示：「現在，史蒂夫是一把手，我是二把手，我提出的建議舉足輕重，但做決定的是史蒂夫。」當時，業界很多人都震驚了：比爾是不是瘋了？

自從18歲時在哈佛第一次相見，比爾‧蓋茨就和史蒂夫一見如故，成為非常要好的朋友。比爾‧蓋茨屬於內向型性格，靦腆拘謹、沉靜穩重、不善交際，史蒂夫則恰恰相反，他熱情洋溢，有幽默感，喜歡用煽情的語調表達自己，並有極強的社交能力。一個企業的管理者如果性格過於內向的話，那麼企業要獲得發展是不太可能的。很顯然，比爾‧蓋茨清醒地認識到了這一點，那麼他的決策也就不是一時興起了。

而史蒂夫自己也說：「比爾以其獨有的才華，為產品和技術戰略調製配方，但是CEO的職責是另外一回事。我們達成默契，認為他應該集中精力完成這些別人無法完成的工作，而我則更高效地扮演CEO的角色。」

可以說，正是比爾‧蓋茨和史蒂夫之間形成了很好的互補，才共同造就了微軟帝國的神話。

另一種情況是：他人的某一特點滿足了一個人的理想，從而增加了其對這個人的喜歡程度。如一個文化水準不太高的人，當別人對他侃侃而談的時候，他就會陶醉其中，並被對方淵博的學識所傾倒；一個熱衷於籃球，但又不擅長於打籃球的人，就會比較崇拜籃球打得好的朋友。

現實生活中，我們可以把互補定律運用到夫妻關係上來。如果我們每個人細心點，就會發現每個家庭的組成都是一強一弱，這樣才會相互吸引著對方，弱的一方有他強悍的一面，而強的一方也有他弱的一面，如果相互互補一下，雙方就會有一個美滿的家庭。這就是我們經常所說的「相輔相成」。

關於「相輔相成」，美國芝加哥大學教授羅伯・溫奇的話可以做最好的說明。他認為愛情是「需要」的一種表達方式，可能是潛意識，也可能是有意識的行為，而因年幼時欠缺經驗，成年後則在自己伴侶身上尋求彌補。支配欲強的人，選擇意志薄弱的人為偶；強健的人，會選擇弱的人；暴露狂，會擇其觀眾。所以每個家庭的組成都是這樣的。

當然了，並非性格特徵相似的人不能成為夫妻，在現實生活中，這種組合也不少。只不過在某些情況下，強強相遇的時候，必有一傷，當小矛盾激化成大矛盾，生活就會過不下去了。

許多事實證明，在科學、文化界以及其他許多領域，天才人物往往具有一些不同於一般人的顯著素質，他們身上會有某些超群的、非典型的、反常的特點。其中，這些特點有些是優點，有些是缺點。而這些人為了彌補在愛情和家庭生活中的某些不平衡因素，所尋求的配偶往往是一些智力平平，但在其他方面有顯著特點的異性。這樣，生活就恢復了平衡，克服和補償了缺陷。比如童話詩人顧城，在詩歌創作方面，可謂是功成名就。但是這麼一個具有閃耀光環的人，在生活自理能力上簡直是個「低能兒」。在隱居紐西蘭激流島的日子，如果不是妻子謝燁無微不至地照顧他的飲食起居，那麼他的生活必定一塌糊塗。

對一般人來說，「互補」的情況也是常見的，我們經常所說的男主外，女主內就是最好的證明。丈夫長於此，妻子長於彼，才能互相幫助；一方性子比較急，另一方性子比較慢，就可以把事情考慮得周到些，又做得快一些。還有，我們經常見到學理科的人和學文科的人最終走到一起，也不是沒有道理。一個理性，一個感性，生活才會過得有滋有味。

反過來看，如果夫妻倆都是事業型性格，即使事業做得風生水起，這個家還是會散，原因很簡單，沒人在家操持，家還能叫家嗎？

如果夫妻倆都是急性子，家裡的日子就跟火上了房似的，那能成嗎？如果兩人又都是慢性子，家裡的日子搞得像沒燒開的開水，溫吞吞的，也沒法過。

如果兩人都是學理科的，家中就像是研究所，嚴謹、死氣沉沉，沒有一絲活潑的氣息，這也讓人沒辦法接受；如果兩人都是學文科的，都非常感性，那日子也過不下去。

由此可見，夫妻之間要有一定的差異，這樣才能更加和諧一致。

但要注意的是，這個差異不能太大，如果差異太大，則容易產生性格不合的新問題。那麼，夫妻之間要如何相處，才能相處得好呢？

首先，也是最重要的一點，那就是對性格要有正確的認識，要尊重對方的性格。性格是人對事物所表現的經常的、比較穩定的理智和情緒傾向，並無優劣之分，不同於品德。不同性格各有不同的長處或短處。

比如，急性子性格多直爽，容易相處，但好發火，發起火來，可能讓人忍受不了。相反，慢性子大多態度和藹，容易相處，辦事講究品質，但速度慢。

其次，要各自揚長避短，異質互補。有了正確認識之後，就要主動地容納對方，而且在家庭生活中應該發揚對方的長處，避開短處。比如，讓善於交際的一方主外，做事心細的一方理財。

夫妻雙方的經歷、興趣和脾氣不同，可以稱為「異質」，異質可以互補。急性子慢性子相配，如能注意互補，往往會剛柔相濟，急慢相和，動靜相宜，進而相得益彰。

人的性格也不是永不改變的。因此，夫妻雙方也應該注意逐步克服自己的不足之處。比如性子過急的，要用心克服自己的急躁情緒，辦事再沉穩一些；性子過慢的，則應辦事再注意一下速度。喜歡支配別人的，也可以嘗試著服從；依賴性強的，不妨嘗試著獨立；過於悲觀的，要往好的方面想，樂觀一點；思想比較幼稚的，往成熟方向發展。

但應該注意的是，千萬不要改造對方，而是要尊重對方，接受對方。這樣，夫妻之間一定會和諧、美滿。

彼得潘症候群：丈夫為什麼長不大

「彼得潘症候群」的患者雖然在生理年齡上進入成年。但在心理上還不成熟，他們的言談舉止都像孩子。總是在逃避責任、逃避生活、逃避愛情。喜歡和父母住在一塊，不去考慮長遠的事請。

華是一家普通公司的職員，從小就喜歡玩具和打遊戲。他和同事豔結婚五年後，豔實在是忍受不了他的玩具和電子遊戲癮。豔覺得丈夫胸無大志、唯唯諾諾、優柔寡斷，在工作上沒有任何進取心。在結婚以前，豔也知道華喜歡玩小火車、遙控小汽車之類的玩具，當時，豔並沒有想太多，只是覺得華有顆童心，愛玩而已。沒想到，五年來，華把所有的閒置時間都用在玩遊戲機、小玩具上。自從兒子兩歲以後，華每次出門上班前，都會把玩具藏到孩子找不到的地方，理由是「孩子會把它弄壞的」。

豔對丈夫的孩子脾氣感到絕望，只好向心理醫生求助。心理醫生告訴她，華的症狀是不折不扣的「彼得潘症候群」。最終，豔選擇了離婚。可是，妻子帶著孩子走後，華又回到了父母的家裡，仍然過著孩子般的生活。

為什麼會有人患「彼得潘症候群」呢？心理學家們研究發現：「彼得潘症候群」都是由家庭教育環境造成的。家長們總是認為，應儘量滿足孩子在兒童時期的需求，並且不讓他們擔負責任。但是如果教育不當，孩子在成長中，心裡會造成錯覺，以為自己什麼都不需要做，只要依賴別人就好。在這種環境下長大的孩子非常依賴別人，習慣讓別人來為自己的行為負責，希望別人能幫助自己去做事情。

當今社會競爭激烈，工作壓力大，很多成年人在壓力面前，渴望回歸到孩子的世界。於是，越來越多的人喜歡「裝嫩」，這種態度用於親人之間可以，但是如果在社會中行事習慣「裝嫩」，那就不合適了，最終，會被社會淘汰出局。這些具有極端「裝嫩」心態的人，沉溺於自己的幻想，拒絕長大。在醫學界，「彼得潘症候群」，屬於心理疾病的範疇。

藥物治療和家人的說教不會有很大的作用，除了讓他們做心理諮詢外，最好的辦法就是讓他們面對現實，為自己的行為承擔後果。比如，讓他明白，沒有人會為他承擔所應擔負的責任，沒有人會幫助他們完成工作……這個過程剛開始必然是痛苦的，但「彼得潘」們會從此漸漸長大的。

心理學家還研究發現，每個人的內心，都有一種本能的成長欲望，如果欲望沒有被壓抑，心理年齡和生理年齡就會同步增長，如果相反，則心理就會出現發育停滯，人生會長期停滯在某個階段，出現社會適應和人際交往等諸多不良狀況。

想要比彼得潘更幸福的話，我們的重要任務之一，就是把封存在內心深處的成長願望給啟動，讓它帶給你無窮的面對生活的力量。

磨合效應：通過磨合才能更加協調契合

我們都知道新裝機器通過一定時期的使用，把摩擦面上的加工痕跡磨光而變得更加密合。這一現象在新的棒球手套、新的鞋子剛開始的使用中也都會發生，使用一段時間後，才會磨合得更好用。在群體心理學中，把新組成的群體相互之間經過一段時間的磨合而變得更加協調契合的現象，稱為「磨合效應」。

有兩粒沙子相愛了。其中一粒對另一粒說：「我要磨碎自己，把你包起來，永不分離。」另一粒也這麼說。於是兩粒沙子便相互摩擦著身子……終於，兩粒沙子都磨碎了自己，儘管此時它們誰也無法把對方包起來，可它們已經完全融合在了一起，分不清誰是誰了……

男女間的緣分就像這兩粒沙子一樣，只有相互不斷地摩擦，才能最終相互融合，長相廝守。儘管摩擦有時候很痛，但千萬別失去信心。

世界上沒有完全相同的兩個人，當個性不同的男女走進婚姻的殿堂時，需要不斷地學著去適應對方。情商高的女人懂得幸福的婚姻需要磨合，這個相互磨合的過程也就是你適應我、我適應你的過程，就如同急流適應河床。相互適應了，婚姻就如同走入正常河道的水流，一路向前奔騰；反之，則會出現偏差和障礙。

幾乎每對夫妻的婚姻都會經歷這樣的磨合過程，只不過長短不同。這是因為夫妻作為兩個個體，不可能在方方面面達到完全一致、和諧默契。無論是面對具體而瑣碎的現實生活，還是一些觀念上的差距，尤其是在親情、愛情、友情、事業、金錢等方面的一些差異，都需要經過磨合。

磨合可不是說說那麼簡單，我們需要做到理解、包容。通過理解、包容，夫妻關係才會自在、默契與和諧。這需要雙方都珍惜感情，顧及對方，才能做到。

婚姻初期，這種磨合是自願而又愉快的。隨著婚齡的增長，這種磨合會慢慢地變成委屈與不甘。激情不能充斥婚姻的全程，而磨合卻是自始至終的。有時候我們以為自己的婚姻過了磨合期，殊不知那些曾經磨光的棱角還有再生的可能，何況婚姻的進程中還會出現新的荊棘。此時如果放棄繼續磨合，新生的荊棘就會像荒草一樣蔓延。

也許有些棱角像金剛石一樣耐磨，有些刺總能頑固地再生，但我們不要因此而失去勇氣，要用一生的包容和理解去成全一份美好的婚姻。

愛之萬象，皆始於浪漫，歸於平凡。市井人生，柴米夫妻，樸素的真情常常蘊涵在平淡的瑣事中。執子之手，與子偕老。能夠在婚姻的征途中披荊斬棘，在磨合中走到終點的人，才能夠擁有最完美的人生。

榜樣效應：孝順等於給自己拿張「養老保單」

有句古語說得好：「百善孝為先。」意思是說，孝敬父母是人類各種美德中最為重要和占第一位的品德。羊有跪乳之恩，牛有舐犢之情，鴉有反哺之義，動物都有這種高尚的良知，那麼作為萬物之靈長的人呢？

人生在這個世界，長在這個世界，都源於父母。是父母給予我們生命，是父母辛勤地養育我們，可以說，每一個人都是在父母的悉心關懷、百般呵護和辛苦撫養下慢慢長大的。在人的一生中，對自己恩情最深的莫過於父母，所以說，孝敬父母，是做人的本分，是天經地義的美德。

從長遠的利益出發，孝順父母對你也是非常有利的，這就相當於給自己日後存了一份「養老保險」。

為什麼這麼說呢？我們先來看一個故事：

從前有一對中年夫婦，對年邁的父母很不孝順，他們把老人攆到一間破舊的小屋裡居住，每頓飯用小木碗送一些不好吃的東西給老人。一天，他們看到自己的兒子在雕刻一塊木頭，就問孩子刻的是什麼，孩子回答說：「刻木碗，等你們年紀大時好用。」這對父母大吃一驚，猛然醒悟過來，連忙把自己的父母請回正屋，同自己一起居住，扔掉了那只小木碗，拿出家裡最好吃的東西給老人吃。小孩因此也轉變了對他們的態度，從此一家三代和睦生活。

從這個故事中，你能不能悟出點道理來？那就是父母的榜樣，對孩子具有一定的影響。

小孩子最擅長的就是模仿。比如說家裡的電話，如果他看到父母打了幾次，他就會拿起電話的聽筒放到自己的耳邊，嘴裡還嘰裡咕嚕說個不停；看到媽媽梳頭，如果你遞給她一把梳子，她也會像模像樣地把梳子放在頭上來回晃動。

現在，你能明白孝順父母，相當於給自己存了份養老保險的意思了吧！看父母就是看自己的未來，人都有老的一天。那麼，你有沒有想過，當那一天到來時，你希望怎麼過？其實，不用問也知道，不就是依靠自己的子女嗎？俗話「養兒防老」

說的也就是這個意思。

所以，當你還為人子女時，最好做個孝順父母的人，這樣，當你老了的時候，你的子女才會孝順你。如果你冷落自己的父母，不僅不照顧他們，反而千方百計「刮」老人財物，那麼你要小心了，因為總有一天，同樣的悲劇會在你身上上演。

具體該怎麼孝順父母呢？這就要求我們不僅要管好自己的小家庭，還要時刻不忘照顧年邁的父母親，絕不能添了兒子就忘了老子。如果說平時因居住地較遠，工作較忙不能和老人朝夕相處，那麼在節假日要儘量抽出時間，帶上孩子，常回家看看，盡一份子女應盡的責任和義務。

看過國外的一篇文章，說的是一個部隊收到了一封來自某位士兵家長的信，信中說這位士兵的母親即將離世，想在彌留之際看看自己的兒子。遺憾的是，這位士兵已經在前不久的一場戰爭中為國捐軀了。部隊的領導很為難，想滿足老人的心願，但是又不知道該怎麼辦才好。

最後，這位士兵的一名戰友頂替他去了，神情恍惚的老人在看到自己的「兒子」來了之後，就安然地閉上了眼睛。

這個故事讓人很感動，老人在生命將盡的那一刻最渴望的還是親情，希望兒子能陪在自己的身邊，而當「兒子」來到身邊，她便毫無牽掛地辭世了。

「兒女們各自成家或出去打工了，有時一年也難得見個面！」

「日子越過越殷實，但閑下來的時候卻覺得很無聊！」

「有多少日子沒見到孩子們了，不知道他們過得好不好！」……

當你聽到這些話時，你心裡是什麼感覺？是不是有點心酸？想想看，你有多久沒有見到自己的父母，聽到他們的聲音了，常回家看看吧！

禁果效應：打破神秘感，合理引導才有效

在希臘神話中有一個名叫潘朵拉的女孩，宙斯給了她一個盒子，囑咐她絕對不要打開這個盒子。但是，潘朵拉卻沒有聽從宙斯的話，在好奇心的驅使下，她打開了盒子。結果所有的災難、瘟疫與禍害都飛了出來，人類從此飽受災難、瘟疫和禍害的折磨。

其實，我們每個人都像潘朵拉那樣有著無比強烈的好奇心，甚至很多時候都有逆反心理。想想看，你是不是存在著這樣的心理：愈是得不到的東西，就愈想得到；愈是不好接觸的東西，愈想接觸；愈是不讓知道的東西，就愈想知道。

還有，在日常生活中，我們經常會遇到這種情況：你愈想隱瞞一些事或者資訊不讓他人知道，就愈會引來別人更大的興趣與關注，人們對你隱瞞的東西充滿了好奇與窺探的欲望，甚至千方百計地通過其他管道來試圖得到這些資訊。在心理學上，這叫作「禁果效應」。

「禁果」一詞來源於《聖經》，它講的是，伊甸園中的夏娃受蛇的誘惑，偷食了善惡樹上的禁果，受到了上帝的懲罰。夏娃為什麼對禁果動心呢？蛇的誘惑只是一種外因，上帝那句「無論如何也不能動樹上的果子」，才是對人類最大的誘惑。

孩子的分辨能力弱、自我控制力差，更容易受禁果效應的影響。有這樣一項心理學實驗，實驗的對象是小孩子。實驗者在茶盤中放著五個往下扣著的不透明的茶杯，孩子們對它們根本毫無興趣。實驗者在其中的一個杯子下放了一枚糖果，重新扣上，臨走時告訴小孩子：「杯子下放了東西，你們千萬不要動！」然後佯裝出去，在外面偷偷觀察。結果，越是向孩子強調得厲害，孩子越是想打開看，有的孩子甚至仔細觀察了一番，才慢慢再次放好。

因此，在孩子的成長中，我們一定要重視「禁果效應」的影響，千萬別讓孩子成為那個打開魔盒的潘朵拉。

對於現代社會中的孩子們，網路在他們心目中無比重要，而這恰恰是父母們的煩惱和痛苦。解決這個矛盾，「堵」絕對不是好辦法，「導」才是成功之道。常看到一些家長視網路為洪水猛獸，生怕孩子學會上網會陷進去。然而，在現在這個社會大環境下，怎麼可能讓孩子不觸網？學校不教，家裡不學，好，上網吧裡學去了！結果，受不良網吧的影響，網路在孩子的觀念中除了遊戲就是聊天，這下不陷進去才奇怪呢。網路是死的，人才是活的，責任還是在教育上。如果我們能儘早引導孩子學習上網流覽、搜索，他們會知道網路其實也不過是為人們服務的一種工具，當那種神秘和好奇變得習以為常的時候，孩子們也就擁有了對於網路的定力。

在孩子的成長過程中，性觀念一向是他們的神秘禁區。在這一點上，我國的很多專家日益認識到，關於性的知識不應該對青少年諱莫如深，這樣反而使得他們對性充滿好奇和神秘感，而不能正確地理解。成長是每一個人無法拒絕的過程，這個過程裡，必然要面對生理及心理的一系列變化，並且經歷人生的情、愛、性等各種體驗。這是很正常的現象，但是，受傳統觀念影響，我們總是自覺不自覺地用「禁止」去對待孩子各種「異常」的表現，而在性教育方面，卻疏於引導。

很多不健康的電影、書籍，學生本來並不知道，知道了也不一定去看，但是學校禁止，反而使他們想一睹為快、看個究竟；母親對孩子的早戀問題緊張得要命，時不時就要給孩子「打預防針」，結果男女生之間很平常的交往卻塗上一層誘惑的色彩，反而容易造成一些孩子早戀。

越是「禁果」，越容易激起孩子採摘的欲望，禁令最後變成各種「禁果效應」的催化劑。為了防止這種現象發生，我們沒必要對一些本應讓孩子瞭解的事情卻掖著捂著，與他們「捉迷藏」。孩子往往會尋根問底地闖禁區，想探個究竟。因而，在教育孩子時，不宜硬性禁止，而應該注重引導。即使不提倡的東西，也不要明令禁止使其變成禁果，而要通過適當的方式進行疏導和溝通。

超限效應：批評一次就好，嘮叨只會過猶不及

在現實生活中，你是否有這樣的體會——

在課堂上，或者在聽講座時，如果對某個你感興趣的問題，當老師宣佈「針對這個問題，我們有三點要講」的時候，你會認真聽，甚至會試圖記下這三點。然而當老師宣佈「針對這個問題，我們有十點要講」的時候，你便頓時失去了聽下去的興趣。

在工作上，同事請求你幫忙，你很爽快地就答應了。當他要求你做兩件、第三件事時，你可能有點不耐煩，但還是會勉強地去做。一旦他麻煩你的事情很多，你就會感到煩躁，甚至跟他翻臉。

看電視劇時，一般都會在中途插播廣告，第一次看時你可能會覺得賞心悅目，第二次再看到，你會仔細一點，看產品和服務，如果第三次、第四次這樣無休止地下去，你肯定會對這種大密度的疲勞轟炸厭惡不已。

為什麼會發生這樣的情況呢？之所以出現這些現象，是因為「超限效應」的影響。心理學家解釋說，人接受任務、資訊、刺激時，存在一個主觀的容量，超過這個容量，人就不願意認真對待了。那麼，何謂超限效應呢？超限效應，即刺激過多、過強和作用時間過久而引起極不耐煩或反抗的心理現象。

在此借用美國著名作家馬克・吐溫的一件軼事來生動闡釋「超限效應」。

有一次，馬克・吐溫在教堂聽一位牧師的募捐演講。剛開始的時候，他覺得牧師講得很好，讓人感動，便掏出自己身上所有的錢，準備捐款。過了十分鐘，牧師還沒有講完，他有些不耐煩了，便改變主意，決定只捐一些零錢。又過了十分鐘，牧師還沒有講完，於是他決定，一分錢也不捐。等到牧師終於結束了冗長的演講，開始募捐時，馬克・吐溫由於氣憤，不僅沒有捐錢，反而從盤子裡偷了兩元錢。

馬克・吐溫為什麼最後會如此氣憤，做出不但沒有捐錢，反而偷錢的舉動呢？我想不用說，大家也能明白。顯然是因為牧師演講的時間太久，以至於讓馬克・吐溫如此厭煩。的確，即使是如何動聽感人的演講，在把事情說清楚之後，還要一而再，再而三地重複嘮叨，再有耐心的人也會心生厭惡。

在現實生活中，我們是不是也犯過如牧師一樣的錯誤呢？答案很肯定——有。

在我們在現實生活中經常遇到的，重複對一件事做同樣的批評，雖然主角不同，但結局往往是相同的。孩子們、丈夫們、下屬們其實在最開始的時候是內疚不安的，當他們接受的批評過多時，他們的情緒就發生了變化，從內疚不安到不耐煩再到反感討厭，而且當他們被逼急的時候，甚至會出現「我偏要這樣」的反抗心理和行為。於是，在我們的觀念中，就出現了屢教不改的孩子和不近人情的父母，頑固不化的丈夫和喋喋不休的妻子，可惡至極的上司和敢怒不敢言的下屬。

為什麼被批評的對象會產生逆反心理呢？其實，這種現象很正常。從心理學角度分析，人在受到批評之後，心理上就會產生一種失衡感，總需要經過一段時間才能恢復心理平衡，當受到重複批評時，他的心理失衡感會加重，覺得「怎麼老是這樣對待我？」被批評的心情就無法複歸平靜，出現強烈的反感情緒，就很容易產生「我偏要這樣」或者「愛怎樣就怎樣」的反抗心理和行為。

超限效應也給了我們一個啟示：做事時要把握好一個量和度。有個成語叫「過猶不及」，說的就是這個道理。做事不及固然達不到既定的目標，但做過了頭，刺激過多、過強或作用時間過久，往往會引起對方心裡極不耐煩或逆反，這樣往往會事與願違。這就如同給氣球吹氣，吹得太足，易爆；吹得不足，又飛得不高；而唯有吹得恰到好處，才能夠讓它輕盈靈活地飛起來。

因此，我們在任何方面都應注意「度」，掌握好「火候」、「分寸」，只有這樣才能「恰到好處」，才能避免「物極必反」、「欲速則不達」的超限效應。

作為父母，對孩子的批評不能超過限度，應對孩子「犯一次錯，只批評一次」。如果非要再次批評，那也不應簡單地重複，要換個角度，換種說法。這樣，孩子才不會覺得同樣的錯誤被「揪住不放」而產生逆反心理。

作為妻子也應如此。據調查，男人最反感的就是女人的嘮叨，而妻子每天在他身邊喋喋不休，就好像是一隻討厭的蒼蠅在耳邊飛來飛去，這簡直就是糟糕透了。

還有，做領導的也不能馬虎。年輕人需要的是教育和指導，當你對頻頻犯錯的下屬進行批評的時候，簡單的話語最管用，也就是直接說明你的想法或你想說的道理就行了。你要堅信：指點「一二」，更能令其醒悟，「點撥兩下」，更能令其深思。有了深思，就有了悔過與改進的可能。

幸福遞減定律：財富越多，幸福越少嗎

讓一個饑餓的人吃饅頭，第一個可能會很香甜，第二個感到很滿足，第三個下肚有點飽脹，第四個、第五個就成了負擔，毫無快樂可言了。

一個在茫茫無際的沙漠中徒步行走、口乾舌燥的人，如果在他的眼前忽然出現一眼泉水，那麼他一定會高興得手舞足蹈。但是當他走出沙漠，即使有許多的井水，他也沒多大的感覺。

你有沒有想過，為何我們的內心會出現如此之大的反差？

關鍵在於我們的內心能否得到滿足。當我們處於較差的環境中時，一點微不足道的事情都會給我們極大的喜悅，一些小東西就能給我們極大的滿足感；而當我們所處的環境逐漸變好時，這些小的需求已經得到了滿足，同樣的東西就不會激起我們的興趣了，我們不會再覺得滿足，當然就不會再覺得有幸福的感覺了。

在心理學上，這種現象被稱為「幸福遞減定律」。

何謂「幸福遞減定律」？簡單地說，就是人們的滿足和幸福感，會隨著獲得物品的增多或財富的增加而減少。

事實上，這裡所說的幸福遞減，不是真正的幸福減少了，而是個人內心起了變化。那些曾經給我們帶來喜悅和滿足的東西，它們本身的價值和作用並沒有改變，只是因為時過境遷，我們的品位、需求和欲望都發生了變化，或者簡單地說，我們早已習慣了這樣的感受，於是不再把這種狀態當成幸福了。

聯合國相關機構曾針對世界各國搞過一次幸福指數調查。有趣的是，絕大多數發達的歐美國家幸福指數並不高。相反，其他一些發展中國家卻比較高。

如果幸福感按照這樣推算，人們就會有疑惑了：富人會想，難道我就沒有幸福可言了？窮人想，根據這個定律我還是受窮好吧。這些想法都是不正確的，如果是這樣，有錢人豈不個個痛不欲生，窮人豈不個個快樂滿足。

事實上並不是這樣的，放眼我們生活的周圍，有的富人就很幸福，有的窮人就不快樂。所以，一個人感覺幸福與否，跟物質的多少沒有關係，關鍵在於心靈，在於心靈的體驗。

人們總是渴望幸福、追求幸福，卻從來不曉得幸福就在身邊，近到可以觸手可及。有時，我們感覺不到幸福，只是我們得到的太多，反而讓它們從我們身邊輕易地溜走，繼而感覺不到幸福，開始抱怨起身邊的一切。

怎樣才能感覺到幸福呢？把握一定的原則，幸福就不會遞減：

一、想幸福，必須知足

俗話說「人心不足蛇吞象」，難道蛇真的能吞象嗎？像是森林中的一個龐然大物，蛇卻是一條細長細長的爬蟲，肚皮很小，吞吃一隻青蛙、老鼠什麼的還差不多，居然妄想吞下一隻龐大的象，真有點太自不量力了。「蛇吞象」是辦不到的，它的用意不過是告誡人們不要「人心不足」，而是要「知足常樂」！

我們其實就像那條妄想吞下象的蛇，對於已經擁有的東西，永遠都感到不滿足，有了好的，就想要更好的。看到別人有的，自己卻沒有，就想得到。於是，不管花多少代價，千方百計也要得到它。結果呢？沒有得到就會沮喪不安，得到了當然很高興，但是過後呢，就覺得沒多大意思了，有時候反而還成了負擔。

你有沒有想過，在追逐你想得到的東西的過程中，你錯過了多少人、事、物，到頭來終究是一場空。既然是這樣，還不如剛開始就滿足於現狀，學會知足，把握

住現在所擁有的一切，不也能感到幸福嗎？

二、想幸福，就必須受點苦

19世紀丹麥哲學家克爾凱郭爾曾說：「每一種事情都變得非常容易之際，人類就只有一種需要了——需要困難。」

克爾凱郭爾的話不無道理，如果我們身邊的事情都變得很容易，那麼對我們而言，也就毫無意義可言了，生活也變得了無生趣。這時候，我們不妨去尋找「困難」，當我們受點苦時，就會感受到當前所擁有的幸福了。

某電視臺組織了一個叫「家庭生存體驗」的節目，每次派出兩個家庭的全體成員，不帶分文，到一個陌生的城市去尋找生存之路。結果，幾乎個個歷經艱辛，但又個個感觸很深。有了困難，才知道每一分錢都來之不易；有了困難，才知道人間真情是多麼的溫暖。這是參加節目的人的共同心聲。

一方面，我們不要忘記過去所吃過的苦，因為只有這樣，我們才能更好地珍惜現在，把握住幸福。例如，在走向富裕和幸福的生活時，別忘了過去又餓又累又病的日子。只有回憶過去的苦，才知現在的甜。

另一方面，不要抱怨生活中的種種不如意，與比你更糟糕的人相比，你要幸運得多。因此，當你抱怨食物滋味不足時，那就想想那些食不果腹的人；如果你想抱怨婚姻伴侶不盡如人意，那就想想那些還在為沒有結束單身生活而向上帝祈禱的人；如果你想抱怨上天對你的不公，那就想想已經離開人間、上了天堂的人；如果你想抱怨孩子太過淘氣，那就想想那些渴求骨肉卻不能生育的人；如果你想因房子沒人清潔打掃而發牢騷，那就想想那些露宿街頭的人；如果你因工作疲憊而厭煩，那就想想那些失業在家，或是夢想著和你有同樣工作的人。

所以，我們應懷抱感激之心，每天用心去感受到幸福的滋味，讓自己的生活富足，讓自己的人生神采奕奕、充滿光輝的正能量！

國家圖書館出版品預行編目資料

奧卡姆剃刀定律／楊知行編著 -- 初版-- 新北市：
新潮社文化事業有限公司，2022.07
冊；　公分
ISBN 978-986-316-835-5
1. CST：企業管理 2. CST：職場成功法

494　　111006207

奧卡姆剃刀定律

編　著　楊知行
主　編　林郁
企　劃　天蠍座文創製作
出　版　新潮社文化事業有限公司
電話 02-8666-5711
傳真 02-8666-5833
E-mail：service@xcsbook.com.tw

印前作業　東豪印刷事業有限公司
印刷作業　福霖印刷有限公司

總 經 銷　創智文化有限公司
新北市土城區忠承路 89 號 6F（永寧科技園區）
電話 02-2268-3489
傳真 02-2269-6560

初　版　2022 年 07 月